悩むことも、つらいことも
もちろんあるけど
笑っていればきっと!

神山まりあの
ガハハ育児語録

T-SHIRT _ Acne Studios
DENIM _ YANUK
SHOES _ VALENTINO GARAVANI

Prologue /はじめに

賑やかな我が家は毎日がエンターテインメント！
たくさんの失敗とたくさんの幸せ、
そんな中で気づいたこと、感じたことを素直に私の言葉で
書いてみました。

私の子育てが正解かどうかなんてわからないです、正直。
でも、きっと、大丈夫。
だって、うちの子元気で幸せに笑ってるもん。
順調にイヤイヤ期で泣き叫んでるもん。

それぞれの家庭にはそれぞれのルールがあって、
「普通」の考え方は違う。
だから子育てだってみんな一緒じゃないのは当たり前。

この本は「神山さんちの場合」
例その1って感じ。

世界のどこかに住む誰かの「アーーーーわかる、わかる」
と「ふふふ」に触れられる本でありますように。

そして 30 分で読み切れちゃうこのゆる〜い育児語録を
読んだ後に、フッと誰かの肩が軽くなりますように。

子育てって楽しくて大変で、幸せで苦しくて。

そのすべての感情に、ありのままでいること。
それが幸せにつながるんだと信じています。

神山 まりあ

CONTENTS /目次

Prologue /はじめに　003

Chapter 1　妊娠＆出産語録

「暇すぎて『ちびまる子ちゃん』全巻買ってしまった妊娠期間」 008

Chapter 2　ファッション語録

「『ママになっても変わらないね』って言われたい」

マタニティの期間限定オシャレって楽しい！　　　　　　　　　 027
オシャレで大切なことはママになっても変わらない　　　　　　 030
撮影の朝はいかにディーンを起こさずかぶれるか　　　　　　　 036

Chapter 3　0歳児ママ語録

「HAPPY WIFE, HAPPY LIFE」　　　040

Chapter 4　妊娠＆育児スタイル語録

「ママ一年生いきなり本番、ちょっと待ったなし」

妊娠判明から現在までとにかく走りっぱなし！　　　　　　　　 067
カッコいいおうちは今も諦めてません　　　　　　　　　　　　 070
妊娠期から現在まで、助かりグッズは「ラク＆快適」が共通点　 074
ディーンのスタイリストはパパ　　　　　　　　　　　　　　　 076

Chapter 5　1歳〜イヤイヤ期ママ語録

「脱力母、はじめました」　　　078

Chapter 6 ビューティ語録
「産後芽生えたビューティへの探究心」
目指せ韓国肌！ 102
眉毛に命、賭けてます 104
ストレス発散は本気の自宅スパーリング 106
時間を見つけて駆け込む美容アドレスを常備 108

Chapter 7 ママの休憩
「一人時間が母を美しくする、気がする」 110

Chapter 8 INTERVIEW
インターネットよりも先生にズバリ聞きたい
「"子育て都市伝説"実際どうなの!?」 124

Chapter 9 夫婦語録
「鬼じゃないよ、鬼ママだよ」
だって、笑いがないと始まらない 132

Chapter 10 今の私ができるまで
「実は肩の力を抜くのがド下手なんです」 136

Epilogue／おわりに 140

Chapter

1

妊娠＆出産語録

暇すぎて
『ちびまる子ちゃん』全巻買ってしまった
妊娠期間

妊婦だということを伝えると、みんな口を
揃えて「これが最後の一人時間だよ！ 好
きなこと思いっきりやって、映画観て、旅
行しな！」なんて言う。でも実際、「最後
の一人時間だ！ 何かしなきゃ！」と心だ
け焦って何もすることは見つけられない。
いや、きっとあるんだろうけど、思うよう
に動かない体を理由にして「暇だ暇だ」と
言い続けてた、そんな期間。

*** 35週までに、記入しておいてください ***

バース・プラン

出産予定日 7月17日

これから出産を控えているみなさまにこれだけは本っ当—————に伝えたい。

本当に、バースプラン、神。

そもそもバースプランってなんだよって話なんですが、出産直前に提出するいわゆる「どういうお産がしたいか希望要望をわがままになんでも言ってごらんよシート」です。

本当に、バースプラン、神

Birth Plan: A Necessity

周りがなんて言おうと関係ない、いくらワガママだと思われてもいい、それくらいの本音をぶつけられる、100パーセント母の味方の書類なんです。

バースプランは産院によって様々な書き方があるのだと思いますが、ないってことはまずないはず……。
奥さん、大量にもらった書類の中からバースプランを見つけ出してくださいな。

このバースプランに私は言いたいことをすべて書きました。

今この書類を見返してみると、とんでもないワガママ妊婦（笑）。
でも、それでいいんだと思うんです。
バースプランはただの希望プランであって確実なものでない。
誰も否定しない。
だからこそありったけの希望をのせていいんです。
自己中心的になっていいんです。

もちろん実際にプラン通りにいったのは半分以下。
でも、バースプランを細かく書いたおかげで、先生や助産師さんたちとのコミュニケーションがスムーズにいき、何よりもすべてを紙上で伝えきった時には、出産が終わったくらいの達成感があったほど（笑）。

2ページにわたる私のバースプラン一部抜粋

- 血が苦手です
  （血を見ると失神してしまう）
- 夫に近くにいてほしい
  （リラックスできる）
- 初めての抱っこは夫に
  （私はお腹の中の赤ちゃんとずっと一緒にいられたけど、夫にとっては「初めまして」だから）
- 事務作業はすべて夫・実母に任せます

完全に自己満ですね。
細かいところまでびっしり。

バースプランに書いておいてよかったと思うことはたくさんある。
その中でも

「初めての抱っこはパパにしてください」

という願いは、我ながらファインプレーだったと思う。

私はずっと10カ月間この子と一緒に生活を共にした。だから気持ち的には一心同体。
母親って得よね、生まれる前から絆を作れるんだもん。

だから、私が子供と離れた瞬間に
パパのところに抱きついてほしいって思ったんです。

育児は夫婦二人で行うもの。
だから、1分でも早く夫にパパである実感を抱いてもらいたい。

あの時のパパの顔は、最高に幸せそうでした。

でも一番伝えておいてよかったなと思うのはコレ。

「カメラを助産師さんに預けます。出産直後、落ち着いたら助産師さんに
家族三人の写真を撮ってほしい」

これ大事。

出産後のママと子供の写真はよくあるけど、パパがいる三人写真って忘れがちなんですよね。
感動のあまり、一生に一度の感動的な瞬間を逃さないために一応書いておいたんです。

夫と私と息子で感動の出産を迎えた直後に
すかさずカメラを出してきてくれたナイスプレーな助産師さん。

バースプランの大事さを感じました。

その写真は家族の一生の宝物です。

**きっと、助産師さんたちは私のことを
「バースプラン女」と陰で呼んでることでしょう（笑）。**

中華そば むら田
東京都目黒区中目黒2-7-14

KNIT&PANTS _ Shinzone
PIERCED EARRINGS _ TIFFANY
RING _ HERMÈS

もう、ほんっっっっっとにお世話になりました。

塩ラーメンの sou
醤油ラーメンのむら田
味噌ラーメンの味噌一

過去、こんなにもラーメンを食べながらジロジロ見られたことはありません。
そうです、出産直前まで食べ続け、結果16キロ増。
巻き添えを食らった夫も8キロ増。

なんなら臨月になるとカウンターにお腹が引っかかるので横を向いて食べたほど。

食べつわりで、週3ラーメン

Ramen Addiction

そりゃ一人でそんなお腹でラーメン横向きで食べてたらジロジロ見るよね。

幸せでした、本当に幸せでしたよ。
ラーメンよ、妊婦の時代を彩ってくれてありがとう。
塩と醤油と味噌があったからこそ乗り越えられたよ。

生まれる前にそんなにラーメン漬けにされていたなんてつゆ知らず、
元気に生まれてきてくれた息子。

ナルトくんって名付ければよかったよ。

妊婦のインスタライフ

Insta Diary of a Mom-To-Be

幸せいっぱいな妊婦生活。
でも、2つ問題が。

1. 暇
2. 服が入らない

なんせ一人目。
初めての妊娠に慎重になりつつも、1分1秒予定を入れたい気持ちは変わらない。
けれども疲れやすく、体が重い！家事が終われば、エベレスト登ったばかりの
疲労感（言い過ぎ）……。
家にいてもやることがなく、まさかのアマゾンで『ちびまる子ちゃん』と
『ベルばら』を全巻大人買い。
特別編まで購入した時には暇も末期まで来たな……と危機感。
暇すぎて、お空とお話しできるんじゃないかしら〜なんて思える自分に恐怖。
だからといって、どこかに行きたいわけじゃないんです。
それは面倒なのよ。
妊婦、洋服選ぶのも大変だから。

お腹が大きくなると、家ではほとんどパジャマ姿でした。あまりに暇で、今まで描いたことがないのに水彩画にまで手を出しました。案外上手いじゃん、と完全に自己満足（笑）。何もしないのが落ち着かないなんて、今思うと贅沢な悩み！

BLOUSE _ Shinzone
PIERCED EARRINGS _ MARIA BLACK
PANTS _ YANUK

お腹が大きくなればなるほど、洋服に困る。
毎日同じ服を着るわけにはいかず
（いや、でも半分以上同じパジャマを着ていたな）、
出かける時の服を買うのももったいない。

だから家にいることが多くなり、しまいには
一日中パジャマを着たままなんてしょっちゅう。

でもこのままだとパジャマで暇死にしてしまうんじゃないかと思って、
妊婦鼻息荒めに ZARA へ走る。

そこでAラインのワンピースを買い漁り、
やっぱり洋服が大好きな自分に気づいて安心するんです。

「暇」と「妊婦ファッション」が結局たどりついたのはインスタで。
妊婦ファッションや日々のことを綴る毎日。
完全に自己満の世界でしたが、それが唯一の
「私、生きてるよー！！！！」っていうアピールだったような気がします。

だから今、こうしてファッションの世界で仕事ができている。
本当、人生何があるかわかんないもんだね。

撮影時に撮っていた写真を実際にアップ。オシャレに見えるように、いつも結構時間をかけています。何度やっても物撮りって難しいんですね。インスタにコメントをいただけるのはとても嬉しいです♥

出産ギリ

いつか息子の結婚式で言おうと思っています。

「あなたは銀座のメンチカツ屋さとうで
産まれそうになったのよ」、と。

出産予定日を1週間過ぎてもウンともスンとも言わない息子。
なので暇妊婦は歩き続けました。
おっきなお腹に街行く人が二度見するほど。

細心の注意を払いながら、
銀座にある妊婦マッサージ「天使のたまご」へ向かい、
エストネーションで買い物。

細身のワンピースを出産後のモチベーションのために購入した後、
夕飯のメンチカツを買いに
名店「さとう」で列に並んでいた時です。

出歩いて

ギリまで

いました

*Out and About
Until My
Water Breaks*

目の前を通った女性の方が
私のインスタを見てくださっていてお声がけしてくれました。
ありがたいなあ、と二人で写真を撮り、
また再びメンチカツを待とうとした瞬間。

ツーーーーーっとひんやり。

メンチカツ屋で破水。

破水して入院し、ディーンを迎える前に記念に夫と撮った一枚。バースプランに思いの丈を書いていたこともあって、意外と落ち着いていられました。陣痛が始まる前までは……。

急いで夫に電話をして、破水した旨を伝えるけれども
目の前に見えるはメンチカツ。

とりあえず冷静になり、きっと今晩夕飯難民になるであろう
夫のメンチカツだけは確保しなければという使命感。

私「ねえ。。。破水したの。。。メンチカツ何個?」
夫「えええええ!? 大丈夫!?!?!? ご…5個!」

**そうして私は
メンチカツ(メンチカツバーガー)をちゃんと購入し、
急いで病院に向かったのです。**

いつどこでお印がくるかわからないからね。
美しいお印を想像していました。

「あああああああなた! 産まれる!!!」みたいな。

**しかし我が家はメンチカツ。
出産の思い出は、まず最初にメンチカツ。**

これも、私たちらしいねって夫婦で笑える
お気に入りのストーリーの一つです。

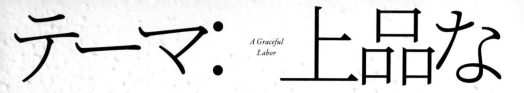

テーマ: 上品な

A Graceful Labor

分娩室では夫の立会いを希望しました。

でも、実は出産1カ月前までは一人で挑もうと考えていたんです。

なぜ夫の立会いに踏み切れなかったのか、
それは、「**ずっと夫の恋する人でいたかったから**」なんです。
出産という壮絶なるシーンを見てほしくなかったから。

今考えると、とんでもない自分勝手な妄想だったなーって反省。

出産ギリギリになってやっぱりこの感動の瞬間を夫と共有したいって強く感じて。
それを伝えると夫はなんだか怖がっているような、でも嬉しそうな複雑な表情。

結論、一緒にいてくれて本当に良かった。心から幸せでした。

ただ、一つ。
出産に臨むにあたって心に決めていたことがあります。

それは「上品なお産をする」ってこと。

痛いし長いしそりゃあもう壮絶な出産。
でも痛みに負けて自分を見失ったらいけない、
自分が凛と強く出産に臨めますようにという気合いを込めて
「上品なお産」をテーマとしたんです。

出産

19時間の出産を経てヘロヘロ。バースプランに書いた、「家族三人で写真を撮ってほしい」を叶えてもらった一枚。今も、自宅に飾っている宝物の写真。この写真のために陣痛中に眉毛を描いていたんです(笑)。

**実際は上品なお産なんて、そんなもの存在するわけもなく。
小さな命を無事に産むことは、奇跡そのものでした。**

叫ぶことは簡単だし血管が切れるほど叫びたいけど、
そんなパワーがあるなら、それよりも
ありったけの力を振り絞ってこの子を早く無事に産みたい。

それは、「上品なお産をする」というテーマを掲げたからこそ、
気持ちだけは冷静に出産と向き合えた、そんな気がします。

未だに夫は息子が生まれた瞬間の思い出を嬉しそうに語ります。

その顔を見るたびに、
彼は私に恋をし続けていると安心します。

Chapter

2

ファッション語録

「ママになっても変わらないね」
って言われたい

よく聞かれるのは「ママになってどう
ファッションが変わりましたか?」と
いう質問。自分の好みの服装は年齢と
TPOによって変わるもので、ママに
なったorなってないは関係なし! いか
に好きなファッションを永遠に貫く
かっこいい女性でいられるか、それが
私の人生の課題なんです。

マタニティの期間限定オシャレって楽しい！

1着だけ買ったマタニティデニムも早々に入らなくなり、思うようなオシャレができなくてテンションが上がらない時もあったけれど、大好きなワンピースを毎日着られると気づいたら楽しくなっていました。期間限定だからと、締め付けの少ないリゾートワンピが使えました。普段は着ないような色や柄を選んだり、

友人が開いてくれたベビーシャワーの時の写真です。
ドレスコードのスカイブルーで。DRESS：BCBG

妊娠7カ月。夫とオープニングパーティへ。ミニ丈もよく着ていました。妊婦さんだから、と割り切って堂々と着ていた気がします(笑)。
DRESS：BCBG

妊娠9カ月ごろ。時計のイベントで。基本的にぺたんこ生活でしたが、安定感があるジミー チュウのウェッジサンダルはドレスアップしたい時に重宝しました。DRESS：BCBG

妊娠9カ月頃はゆるシルエットのリゾートワンピが活躍。かがむのも大変で、手を使わず履けるぺたんこサンダルが重宝しました。DRESS:BCBG

妊娠8カ月。大好きな妹とディナー。生まれてからはゆっくり食事できないよ、とよく言われたのでおいしいものをたくさん食べに行きました。DRESS：BCBG

妊娠8カ月。胸下切り替えも妊婦と好相性。リゾートからパーティ用の華やかなドレスまで種類豊富なBCBGにはお世話になりました。DRESS：BCBG

妊娠9カ月。Aラインはどこまでもお腹が入る。毎日ワンピなので、マンネリ防止に柄ワンピも積極的に取り入れていました。DRESS：ZARA

28

妊娠10カ月。完成した子供部屋で記念撮影。普段は選ばないピンクのミニワンピですが、可愛い♥と好評でした。DRESS：ZARA

妊娠10カ月。映画の試写会で虎ノ門ヒルズへ。帽子からサンダルまで真っ白コーデ。大きなお腹で裾が上がっているのもご愛嬌(笑)。DRESS：Ron Herman

妊娠10カ月。検診へ。ここまで大きくなると何も入らないので、どこも締め付けないゆるテロワンピでしのいでいました(笑)。DRESS：ハワイで購入

→妊娠6カ月。イベント司会の仕事での一枚。お腹が目立つようになってきた頃で隠すよりもあえてぽこっとシルエットが出るデザインを楽しんでいました。DRESS：LACOSTE

妊娠8カ月。ハワイにて。お腹ぽっこり×オフショルのバランスが好き。肩〜鎖骨のラインは変わらないので、オフショルはマタニティにオススメのデザイン。DRESS：Planet blue world

オシャレで大切なことは

JACKET&PANTS&BELT _ POLO RALPH LAUREN
KNIT&BAG _ HERMÈS

ママになっても変わらない

ファッションはママになっても変わらないでいたいから、カジュアル一辺倒の"THE男の子ママ"スタイルはあまり意識しないようにしています。母の影響もあってコンサバ&トラッドが今も昔も私のファッションの軸。何年も着続けたい愛用アイテムは、使いやすさよりも品良く見えて清潔感があることを大事にして選んでいます。

トラッド好きな私のベストジャケットはラルフ ローレン

カジュアルな時もきちんとした場所へも、どこにでも対応できるジャケットはワードローブに欠かせないもの。中でもこれは瞬時にトラッドになる秀逸さ。長め丈で、どのデニムを穿いても脚が細く見えるのもいい。ラルフ ローレンはショップに住みたいくらい好き！

ぺたんこは スニーカーよりも ローファー派

服がカジュアルなら、足元は背伸びしたものを使いたい。そんな時頼るのがローファーで、ショートパンツやワンピースにも合わせます。流行なく長く使えるものだから、ブランドのものを。MARC JACOBS（上）、TOD'S（白、モカ）、GUCCI（茶と黒のビット付き）。

着心地最高！家ではJ.Crewのメンズ白T一択

ハワイに行くたび5枚は購入し、家には20枚、専用の引き出しがあるくらいの愛用品。実はこれ、夫の普段着なのですが、私も家着として拝借。硬すぎず、柔らかすぎない絶妙な素材感でもうこれじゃなきゃ眠れません。帰宅するとまずこの白Tに着替えます。

色も形も絶妙な無印良品のタートルニット

ほどよいフィット感の優秀シルエット。チクチクせず、自宅洗いできるのも主婦にはいい。黒、白、茶は毎年買い替え、プラスでその年の限定色を何枚か。とにかく使えるので、秋から冬はコーデに迷ったらこれを着るほど愛用しています。サイズはすべてM。

ジュエリーはパールとダイヤがあればいい

最近はエッジィなデザインを選ぶこともありますが、ずっと好きなのはシンプルなデザインのパールとダイヤ。流行の服を着た時も、これがあれば自分らしいスタイルになれる。ブランドにはこだわらず、パールピアスは母から譲り受けたもの、他はオーダーで作りました。

合わせる服を選ばないケリーバッグ

息子が結婚したらお嫁さんにエルメスを贈るのが夢だったというありがたすぎる義母からのおさがりは、持つだけで気持ちがしゃんとするアイテム。30代の今はデニムなどあえてラフな時に持つのがしっくりきます。大切なものなのでお手入れもきちんとして長く愛用していきたいです。

撮影の朝は

いかにディーンを

寝室は別室のはずが、気づくと私のベッドに忍び込んでいることもしばしば。早朝出の日は〝いかに静かにかぶれるか〟が服選びの第一条件。お昼寝はどんなにうるさくても起きないのに、私が早く出る朝は少しの物音でも起きちゃう……。スタッフさんからは「ドレッシーだけど、今日は何かあるの？」と聞かれますが、だいたい何もありません（笑）。

起こさずかぶれるか

DRESS _ MARIHA

春夏秋冬、ワンピースに頼り切り

楽で華やか、着ていると褒められることも多いワンピースが大好き。予定にかかわらず年中着ています。一見ドレッシーなものでも、キャップやビーサンで◎

カジュアルダウンしてデイリーに愛用中。以前はベーシックカラーが多かったのですが、最近はカラフルな色にも挑戦しています。

Chapter

3

0歳児ママ語録

HAPPY WIFE,
HAPPY LIFE

母が幸せでいること、それが一番子供の幸せにつながると信じています。これは夫がよく言う台詞だけど、なかなかいいこと言うな、と感心。だって母の幸せは夫の協力なしでは成立しないから！

NICUに入っていた息子がついに退院。やっと家に連れて帰れることに。一足先に帰っていた私と夫で迎えに行った際、病院の前で撮った記念の一枚。小さくて可愛くて愛おしくてたまらなかった。初めて外に出て眩しそうにしていた顔が忘れられません。

「私、
退院します!」
"I'm Outta Here!!"

難産の末無事出産を終え、3日後。

私、退院しました。

出産後、
赤ちゃんが生まれたという幸せを感じつつも、
赤ちゃんの体調が心配＆初めての産院のルールに
ナーバスになっていました。

インターナショナル科の先生が様子を見に来てくれた時に、
ゲッソリした顔を見て一言。

「もう退院しちゃえば？」

え、先生。
出産後1週間はマストで入院してオリエンテーションして授業受けて……。

「決まりじゃないよ。例外はある。海外だと1日で退院するよ」

そっか。
そっかそっか。

オリエンテーションをしに、その時病院に来ればいい。
授業はいつでもやってる。

じゃあ、「……私、退院します！」
ルールは絶対ではなく指針。
自由に選択することができる「意志」ってもんを忘れてた。

ドーナッツピローをおしゃれにバッグにひっかけて、
「ありがとうございました！」と、
NICUにいる息子のところへ向かった。

NICUは気づきの時間

NICU:
A Moment of
Reflection

生まれた時、息子は自分で呼吸することが苦手でした。

病院が寝静まった夜、パッと息子を見ると呼吸ができずに
口の周りが真っ黒になっていたのを見た時、とにかく怖くて怖くて
震える手でナースコールをしたことを覚えています。

原因は「チアノーゼ」。

息の仕方がわからず、そのまま酸素が足りなくなって
顔が黒くなってしまうみたい。
そこから私自身寝ることも恐ろしくなり、
一日中何回も何回も息子の鼻に手を当てて息をしているかどうかチェック。
もちろん体も難産のためボロボロ。

**正直な話、幸せでいっぱいのはずの時間は
不安と恐怖でいっぱいでした。**

だからこそ、こんなにめでたい初出産なのに
家族以外の面談を申し訳ないけどお断り。
初めてづくしの私はいっぱいいっぱいになってしまって
病院の廊下で崩れ落ちて号泣するレベル。
夫がそんな私を心配してくれて
毎日一緒に泊まってくれたことが何よりも救いでした。

そして、私の退院日となっていた出産3日後に
息子がNICU(新生児集中治療室)へ行くことが決定したんです。

一緒に帰れると思ったのに、
やっぱりチアノーゼになる回数が気になるということでした。
もう気が狂うほど心配で仕方なかった。
だって息子の顔が黒いまんまなんだもん。

「治りますか！？」「本当に治りますか！？！？」って何度聞いても先生は
「難産のお母さんの赤ちゃんによくあることです」の一点張り。

NICUと私の病室は離れていて、もし私が入院し続けたとしても
息子に会いに行くためには面会時間中にその病棟に移動することが必要で。
面会時間以外は部屋の中でじっと息子の無事を祈ることしかできない。

夫と相談して、予定通り私がまず先に退院することにしました。

でも家に帰っても赤ちゃんはいない。
不安でいっぱいの退院だったことを覚えています。

次の日からは面会時間の朝ぴったりにNICUへ。
全身を手術着みたいな服で覆い、消毒、シャワーキャップみたいなものをかぶり
息子に会いに行く毎日。

たくさんの管が付いて小さな腕に注射をしてスヤスヤ寝ている姿を見て、
心が苦しくて仕方なかったです。
でも、それでも一生懸命呼吸を学んでいる息子がどうしようもなく愛しかった。

もちろんNICUにはソファやベッドなどなく、
小さな硬い丸パイプ椅子のみ。
産後の体にはキツイのでドーナッツピローを持っていくにも
涙が出そうに痛い下半身。

毎日一日中何時間も椅子に座り続け、腰にも体にもガタがきて体調を壊し、
またも精神が不安定になってしまいました。

でも息子に会いたい。
母乳を届けなきゃ、元気になってもらわなきゃ。

その思いで何もすることなく息子を見つめたまま放心状態で
NICUのパイプ椅子に座っている時。

看護師さんが声をかけてくれました。
**「お母さん、ディーン君がね、お母さんが心配だって言ってるよ。
無理しちゃいけないよ」**

そこでオイオイ泣いてしまった私。

仕事終わりに病院に迎えに来てくれた夫は、あまりの私の血色のなさに驚いたそうです。
そういえばご飯を食べることさえ忘れていました。

帰り道、夫は大好きなロウリーズ（ローストビーフのレストラン）に
立ち寄ってくれました。

ここで言われた言葉は一生忘れないよ。

「今はね、ディーンがくれた"ママお疲れ様の時間"なんだよ。
ディーンはプロフェッショナルの先生たちに囲まれているから大丈夫。
出産を頑張ったママのために
ディーンが用意してくれたご褒美時間なんだよ。
だからおいしいものをたくさん今食べよう、
後は一生ディーンと一緒だから。今のうちだよ！（笑）」

なんかもう。

本当にこの人と結婚してよかったって思った。
こんなに苦しい気持ちでいた時間を、「ご褒美時間」って言っちゃうポジティブさ。
パパも心配に違いないのに、「大丈夫」って笑う強さ。

その日は「そうだね、その通りだね」って言って1週間分の食欲を爆発させました。
会話の中身は「いつかディーンと来たらさー」とかそんなことばっか。

私が私に戻ることができたキッカケはこの時だったんだと思います。
笑顔の親でいることの大事さもこの時に知ったのかもしれない。

この日は一度も起きずに爆睡。
朝、夫婦で120パーセントの笑顔で息子に会いに行きました。

息子が退院できたのはその2日後です。
きっと、「パパとママ、もう大丈夫そうだな」って思ったのかも。

47

息子を出産したのは
母乳育児を推奨する産院でした。

私の場合、英語が第一言語の夫のため
インターナショナル科がある産院を第一条件として考えていたので
産院を選ぶ時に「母乳推進派 or ミルク寛容派」なんて視点は念頭にもなかったんです。

出産後落ち着いたら仕事復帰したい！と考えていた私は
「母乳ミルク混合でいきたい」とバースプランで高らかに宣言。
でも、そう簡単にはいかず……

出産後、病室を見渡すと母乳への愛とスローガンが書いてありました。
母乳で育てることは素晴らしいことだし、
私もバランスを見て混合にしようと考えていたのでフムフムと読んでみる。

でも思い通りに母乳が出ないのです。

泣き続ける息子は顔を真っ赤にして「お腹すいたよー！」と叫んでいるように思えました。

「すみません、ミルク作ってもいいですか？」

完全に気分が落ち込んでいた私にとって、看護師さんの返事は何を言われても
ネガティヴにしか受け取れなかったのを覚えています。

「母乳で育てないと母じゃない」

母乳 or ミルク？

Breast milk or Formula milk?

相談に乗ってくれる看護師さんの言葉がすべて、
母乳が出ない私は母親失格なんだと聞こえてしまいました。
もうすべてがネガティヴ。
看護師さんたちは母乳育児を軌道に乗せるために応援の言葉をくれていたのに。

ネガティヴフィルターで母乳部屋を見ると、シクシクと泣きながら
頑張って母乳をしぼり出してるお母ちゃんたちが数人。

もちろん、すんなり赤ちゃんにお乳をあげられるお母さんもいる。
そんなお母さんを横目で見てさらに悲しくなる新米母ちゃんズ。

子供に満足してもらえる母乳を出せない自分に苛立っていたし、
不安定だったんだと思います。私もその中の一人でした。

後から聞くと、出産後、頻繁に授乳することで、
母乳の分泌を促すことができるようなんです。
母乳育児が軌道に乗るようにしましょう、という戦略のための練習期間。

最初こそがんばったものの、ムキになりすぎて私のどんよりムードに
さらに磨きがかかったのがキッカケで、やっぱりミルクを子供にあげてみました。

母乳じゃないけどいいんだろうかという思いと、ミルクを飲んでくれるのかという不安。

あれ？
飲んでる飲んでる。
ゴクゴク飲んでる。

なーにをムキになっていたんだろう私は。
もともと混合で育てたい〜とか言っていたくせに。

そういえば私はミルクで育ったんだった。お母さんが母乳体質じゃなかったから。
でもこんなに元気に育って、毎日飛びまわっている。

ミルクでもいいんだよ。

母乳が出れば、万々歳。
でも出なかったらいつでもミルクという選択肢があるってことを忘れない。

ミルクは妥協案でもなんでもない、立派な選択肢でした。

息子は退院したその日から
別室で寝かせています。

もちろんモニターを設置していて、
私たちの目から離れることはありません。

私自身、別室育児には全く馴染みがなかったのですが、
インターナショナルな環境下で育ってきた夫には「普通」。

育児の方針は夫の意見を優先するようにしていたため
(そうすると育児に参加していると実感して、もっと協力的になってくれるからね♥)、
恐る恐る別室育児にチャレンジ!

いや〜〜〜最初の1カ月はつらかった!
産まれたばかりの子を別室に置いている不安で、
毎晩眠れずモニターの映像を見つめ続けていました。
子供が泣いてもいないのに睡眠不足。
その時の夫は大口開けて爆睡。イビキまでかいてるし。
どういう神経してるのやら。

そして夜泣きのたびにベッドを出て、
子供部屋に移動し、抱っことおっぱいの繰り返し。
もう無意識に体が勝手に反応して子供部屋に移動しているんです。
眠すぎて何も覚えていないこともあるけど、
しっかり移動しておっぱいあげてあやしている自分がいる。

それに気づいた時は、「私ママだわー」と自分に感心。
ママあるあるですよね。

別室育児は子供と

Having the Courage to Sleep Separately

夫婦関係の味方

家に来た時から別室の我が子は、最初こそ慣れないものの、
1カ月も経たないうちに安心したのか、
部屋で一人で寝られるようになりました。

おかげで、夜寝かした後は夫と話す時間ができたり、
テレビを観たり、リラックス。

不安と面倒くささとが相まって、敬遠しがちな別室育児ですが、
私はやってよかったなーと思うことの一つです。

赤ちゃんとの時間を過ごすために一緒のベッドで寝ることも幸せだと思います。
赤ちゃんの香りってたまらないですよね。

でも、
夫婦の時間も赤ちゃんと同じように
大切にしてあげてください。

夜泣きを繰り返していたのが嘘のように、
今では自分の部屋が大好き。
お客さんが来れば自分の部屋に連れていきます。

夜も素直に寝てくれるようになって、ホッ。

何事も辛抱と慣れ。
初めてのことに挑戦する時は前例を見たり、
構えたりすることもあるけれど、
何も考えずに飛び込んじゃうってのもアリなのかも！
と思った経験でした。

↑妊娠9カ月くらいから準備していたホワイトとグレーを基調とした子供部屋。成長に合わせて手を加えていきたいと思っています。ベビーベッドは友人からのおさがり。→ディーンが初めて部屋に入った時に記念に。

子供を喜んでベビーシッターさんに預けよう

Babysitting is Lifesaver

子供との時間は何よりも幸せで大切。
でも、よく考えてみて。

夫がいるからこそ子供がいて、今がある。
だからこそ、
夫との時間をもっと大切にしたい。

我が家では月に一度は必ず夫婦が恋人に戻る
デートの日を設けています。
そこでたくさんのことを話して、笑ってお酒を飲んで、

また恋をするんです。

そうすると、帰ってきた時に
「この人の奥さんで幸せだ。この人と一緒に子供を幸せにするぞ」
といったハッピーオーラに包まれる気がするんです。

もちろんその時は子供を一人にさせるわけにはいかないから
ベビーシッターさんを呼ぶことに。
他人であるベビーシッターさんに可愛い我が子を預けるなんて鬼母！！
なんて思われちゃうかもしれないけど、
それって私にも、夫にも、
そして子供にもすごく大切なことであると
信じています。

欧米では、一番多いバイトがベビーシッターってくらい
認知されているけども、
日本ではまだまだ一般化はしていないですよね。

休む間もなく子育てをしている母は神、
夫とデートする母は母として失格、みたいな考え方、
早くなくなったらいいのに。

ベビーシッターさんと息子が一緒に遊んでいる時、
そーっと覗いてみると、
なんだか急に大人びてオモチャをシッターさんとシェアしたり、
欲しいものをジェスチャーで伝えたり、と、
両親には見せない顔をしていたんです。
シッターさんもプロだから、
子供の目線になって一緒に遊んでくれる。

パパママとは違う遊び方をしてくれる人の登場に感動した息子は
いろんなオモチャを見せて、また、
まるで自分が何かを教えているようなそぶりさえ見せていたことに感動。

こうやって子供は両親と、そして、
他者によってさらに育っていくんだと
思ったんです。

私たちだけだと、ずっと同じ世界になってしまう。
ではなくて、

私たちではない誰かと密な時間を過ごすことによって
また世界が広がり、接し方や伝え方を学んでいくんだろうな、
と実感しました。

今ではもう、ベビーシッターさんが来てもへっちゃら。
デート中には息子とシッターさんの
笑顔の写真が送られてきて、ホッとする。

育児という幸せなルーティーン、たまには休んだっていいんです。

だって子供をさらに成長させてくれる人が親以外にいて、
一生を共にする夫をさらに愛せる時間をくれるんだから。

授乳中のお酒

Consumption of alcohol while breastfeeding

授乳中にタブーとされていることの一つ

「飲酒」

ダメダメ、絶対ダメ!!!!!!……っていうわけでもない。

私、お酒大好きで。
大酒飲みではないけども、毎日１杯ずつは飲みたいタイプ。

嬉しい妊娠も「断酒」だけはつらかった。
でも可愛い我が子を無事に健康に産むため、我慢我慢。
夫がキンキンに冷やしたビールをゴクゴク音立てながら飲んでいても、
この野郎と思いながらひたすら我慢我慢。

出産後、母乳をあげつつも久々のビールがどれほど飲みたかったことか。

そこで私、搾乳器で一日分の母乳を絞りまくり（朝一番絞り）
冷凍庫へ投入！

半日分のミルクはあると確認してから待ちに待ったビールを
キンキンに冷やし、ゴクゴクゴクゴク……飲んじゃいました！
いや〜〜〜〜〜美味しかった〜

根は心配性の私はビール一缶でストップして、余韻に浸り、
残りの半日を家族三人夢心地で過ごしました（笑）。

次の母乳はアメリカから輸入した
「母乳チェッカー（母乳にお酒が混じっていないかをチェックするリトマス紙のようなもの）」を
使用して万全な状態を確認してから母乳をまたあげ始める。

世の中にはこんな便利なものがたくさんあるのね！

まずは子供の健康が第一。
そしてお母さんの心が第二。

両方を満たしてくれるグッズはもうドラえもんじゃなくてもネットで買えるみたい。
そういや今は 21 世紀だった。

ジーナ式。
きっとどこかで聞いたことがあるママも多いはず。

ジーナ式とは、育児を独自のスケジュールの中で行うことでお母さんが楽になるよーっていう育児法。

お母さんだけでなく、子供のためにも1日をスケジュール化するのは体内時計的にいいかも〜と思い実践。

ジーナ式は例外付きで

A Child's Daily Schedule Should Only be a Guideline

ただねー、正直細かすぎてスケジュール覚えるだけでいっぱいいっぱい。
そこで、大きくスケジュールを書き、壁に貼ってみた。
でも、ジーナ先生の注意事項が多すぎてもはや書ききれない。

最初の2日、必死でフォローしてみました。
でも何かミスっているんじゃあないかと何回も本を確認して、育児をしているというよりは参考書片手に勉強している気分。そして何よりも、スケジュール通りにいかなかった時に焦ってしまう自分がすごく嫌だったんです。

これじゃあ子供と向き合えないよね。
よし、覚えられる範囲のものを抜粋することに決定。

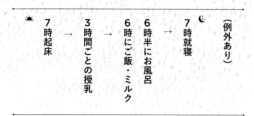

これをおっきなポスターにして寝室とキッチンに貼りました。
無理をせず、でも、子供の体が毎日のルーティーンに慣れていくように。

ジーナ式を取り入れてからというもの、お腹が空く時間、お昼寝の時間が
だいぶ決まってきて育児が楽になりました。
やはりいいみたい！ジーナ式！

しかし！
大事なのは（例外あり）

これを書いておくのとおかないのではわけが違う。

スケジュール通り行くわけないのよ。
久々ジージ、バーバの家に行った時に「ごめん、ちょっと6時にご飯で6時半にお風呂で
7時には寝かせるから」なんて言えないですよね。

（例外あり）

この言葉を見るたびに安定剤みたいに気持ちが穏やかになる。
スケジュール通りに行くわけない。

だいたいでいいの、だいたいで。
それでも十分なジーナ式。

スリープトレーニング

生後6カ月目から半年間続いた夜泣きフィーバー。

イヤーーーーーーあれはつらかった。

30分ごとに大泣きする時期もありました。

抱っこしてもダメ。ミルクあげてもダメ。オッパイもダメ。電気つけてもダメ。

とにかく叫ぶように泣き続ける息子。やっと寝たと思ったら30分後にまた大泣き。

別室で一人寝かせていたものの、この時ばかりはくじけそうになりました。

フラフラになりながら廊下を往復すること毎晩20回。

なんで泣くの〜とこっちが泣きそうになりながら私、激やせ。

そこでアメリカ人の友人に聞いた「スリープトレーニング」とやらを

やってみることにしたんです。

夜泣きをしたら泣かせ続けたままストップウォッチで1分計る。

1分後に「大丈夫、ここにいるよ」と声をかけ、頭をナデナデしてからその場を去る。

その後また3分、5分、10分、15分……と話しかけに行く間隔を開けていく。

ポイントは、抱っこせずに頭をナデナデして落ち着かせること。

そしてどんなに泣いていても決められた時間は別部屋で我慢していること。

結果、2日でギブアップでした。

泣いている我が子を放っておくことはできない!

しかもストップウォッチ持って、スポーツ選手じゃあるまいし。

泣いているのは私たちに会いたいから、不安だから、お腹が空いているから。

何かしら言いたいことがあるはずだし、こんなん一生続くわけじゃない。

一生懸命訴えてる子に一生懸命答えるのが母の使命。

必要とされているって親として幸せなこと。

そんなこんなでスリープトレーニングを断念し、結局半年以上続いた夜泣きでしたが、

ある日ピタッと止まりました。

Sleep Training Failure

の失敗

当時、先輩ママたちに相談すると「もう忘れちゃったな〜」とか「そんな時あったな〜」と言われて、え、そんなもん！？と自分の悩みが誰にも届かない気がしてつらかったのを覚えています。

でも今ならわかる。
そっか、一つ一つの悩みは過去になっていくもんなんだね。
で、新しい悩みに日々更新されていくんだね（笑）。

夜泣きは本当につらい。
でも、どんなにつらい時でも合言葉のように自分に言い聞かせてました。
「一生夜泣きが続くわけない、今が踏ん張り時」

今振り返ってみて「そんなことあったな〜」なんて思える自分に笑っちゃう。
あの時は夜が来るたびに怖かったのに。

今の悩みはイヤイヤ期。来年の今頃は何に悩んでいるんだろうな。

Chapter

4

妊娠＆育児スタイル語録

ママ一年生いきなり本番、
ちょっと待ったなし

妊娠の判明から今まで、噛み締めたい幸せこそとんでもない速さで過ぎていく気がします。だからこそ写真って大事。どんなに一瞬の出来事でもいつでも見返すことができるから。写真を振り返ってみるとどれも幸せな思い出ばかり。息子が笑っていれば正解という子育てのマイルール、案外間違ってなかったかも。

妊娠判明から

何事も楽しまなくちゃもったいないから、つわりがひどくても、育児が大変でも、いつも楽しみを探しています！

妊娠判明1日目。とりあえず大事に、とマスク装着

生理不順なこともあり、婦人科検診で妊娠づらいかもと言われていたので嬉しい予想外の妊娠でした。何をしていいかわからなかったので、とりあえず予防に、とマスクを。

つらかったつわり中も、カメラを向けられるとつい変顔……

妊娠初期はつわりが結構きつかった！ 食べづわりでヘロヘロの図。ホルモンバランスからかとにかく何にでもイライラしていて、夫に"鬼んぶ"と名付けられたのもこの頃。

いいパパ風。でもこれが私の誕生日プレゼントで怒りました

夫が買ってきてくれたベビービョルンの抱っこ紐。「とってもいいパパになりそう！」と思ったけど、私の誕生日プレゼントじゃなくてもいいのに！ と鬼んぷだったので激怒(笑)。

妊娠がわかり、ハワイでの結婚式を急遽日本に変更

半年後のハワイ挙式に向けて準備中に妊娠判明。一目惚れで購入したドレスが入らなくなる前にすぐにやろうと計画を変更し、妊娠4カ月の時に聖オルバン教会で式を挙げました。

妊娠8カ月。暇を持て余しおばあちゃんとハワイへ

みんな忙しくて一緒に行ってくれる人がおばあちゃんしかいなかった(笑)。王族の出産場所であったパワースポット"クカニロコ・バースストーン"で安産祈願もしてきました。

妊娠9カ月。腹芸ではなくマタニティフォトです

妹と「マタニティフォトを撮ろう！」と撮影したのがこちら(笑)。絵のモチーフはわかる人にはわかる、くまのプーさんの名シーンより。妹がサインペンで描きました。

友人が開いてくれたベビーシャワーは一生の思い出

友人＆家族が開いてくれたベビーシャワーはブルガリ銀座タワーで。写真はミルク早飲み競争の哺乳瓶。ほかにも、私の核と言える高校時代の友達も開いてくれて幸せでした♥

主婦業中心でしたがたまの仕事は臨月まで

話し好きを活かせる仕事が楽しくて！ ラジオDJは妊娠6カ月まで、イベントなどのMCは臨月までいただけるものはやっていました。これは時計のイベントで司会をした時。

子供部屋作りは最高に楽しく幸せな時間でした

寝室は別と決めていたので子供部屋の準備。家具や小物は主にIKEAとZARA HOMEで調達。ZARA HOMEで買った壁紙は夫と義兄がDIY。子供部屋の詳細はP.72、73に。

67

現在までとにかく

大変なこともあるけれど、子供はその上をいくくらい可愛くてたまらない。きっと小さい頃の記憶はないだろう

ベビーバスはリッチェルの "ふかふかベビーバス"が便利

お風呂は毎日18時半、基本的にパパの担当。お風呂が大好きで入れるとすぐ寝ちゃう姿がたまらなく可愛かった♥ 空気を膨らませて使うベビーバスは、ぶつける心配もなく便利。

乳腺炎に悩まされ 搾乳器で絞ってあげていました

吸う力が強くて乳首が切れて負傷。痛くて直接あげられなくて搾乳器で絞り、哺乳瓶であげていました。乳腺炎にもなり、胸も張って……とにかく痛かった。授乳は3時間おきに。

産後1カ月でキックボクシング のトレーニング開始

妊娠前から通っていたキックボクシングを再開。妊娠してから安静に、と言われて思うようにできなかった分、思い切り体を動かせて大満足。汗をかくって気持ちいい!

産後1カ月が過ぎて、実家から ほど近い明治神宮でお宮参り

両家揃ってお宮参りへ。どちらにとっても初孫なのでちやほや。服は清潔感のあるエストネーションの白いシャツワンピースで。ディーンもベビー用のスーツを着て正装しました。

バウンサーが大好き。 家事の最中も助かりました

メーク中も料理中も、ベビービョルンのバウンサーに乗せて私のほうを向けていればご機嫌で、気づくと寝てくれました。この頃私の家着は、Tシャツ×デニムが定番。

ディーンと一緒に初光文社! これがVERYの始まりでした

私のページを作ってくれるというお話をいただき、打ち合わせにVERY編集部へ。編集長やライターさんに質問攻めに(笑)。抱っこ紐は"ミニモンキーベビースリング"。

初ハロウィンは、ベビーライオンに 合わせて私はマダム・ヒョウ

Amazonで買ったライオンの着ぐるみ。私もZARAのヒョウ柄コートを取り出し仮装。ジャングル風に撮りたかったので近くの公園へ。そのまま夕飯の買い物に行きました(笑)。

クリスマス。イベントは 家族で楽しむルールにしたい

クリスマスはちびサンタに。可愛くてつい着せたくなります。クリスマスは毎年楽しみだけれど、子供が生まれてからは格別。イベントは家族で幸せな時間を過ごしたい。

日本らしい行事も大切に。 お正月は袴で記念撮影

袴は赤ちゃん本舗で発見。初めての子だからイベントは全部やりたくなります♥ 年末年始は夫の実家のある神戸へ。初めての新幹線に緊張したけれど寝てくれて助かりました。

く走りっぱなし！

から、いつか写真を彼に見せて「君は愛されて育ったんだよ」ということを伝えてあげたいって思っています。

両家集まり、自宅でお食い初め。料理は友人シェフ作

私の手料理でやろうと思っていたのですが、割烹料理人の友人が任せて!と言ってくれたのでお言葉に甘えて。大人も嬉しいお食い初めになりました。器は実家のものを使用。

つかまり立ちするようになったら"ジャンパルー"がお気に入り

座りながらジャンプができるおもちゃ"ジャンパルー"が大ヒット。初めて乗った時の嬉しそうな顔が忘れられません！友達が遊びに来た日、手土産でいただいたドーナツと。

11カ月で息子初の海外旅行。友人のハワイでの結婚式へ

離乳食を作るためコンドミニアムにしましたが、心配でスーツケースの半分は日本製の離乳食とミルクに。迷ったら持っていこう!とパッキングしたら、かつてない大荷物に。

1歳の誕生日はシュークリームでケーキスマッシュ♥

自由に手づかみしてケーキをほおばるケーキスマッシュ。海外では1歳のお誕生日の恒例行事として親しまれています。果物以外の初めての甘い食べ物に大興奮でした。

イスに座るの大好き。寝る前の絵本タイムも幸せ時間

ディーンはイスが大好きなので、子供部屋にIKEAのテーブルセットを。何度も座る、立つを繰り返してしゃぐ姿が可愛くて！グレイッシュなブラウンも気に入っています。

イヤイヤ期到来!?と思ったけど、違ったのかも……

座るのイヤ、よだれかけイヤ、野菜イヤ、ベビーチェアもイヤ……。1歳5カ月でイヤイヤ期突入?と思ったのですが、実はまだ本格的ではなかったことに後で気づきました。

ママだからって仕事はセーブしない。時には海外出張も

仕事はお互い100%頑張りましょう!というのが我が家のスタンス。夫が仕事の時は私が、私が仕事の時は夫が子供の面倒をみればいい。写真は韓国へ買付けの仕事で出張した時。

パパっ子すぎて嫉妬しちゃう。急遽二人旅を決行！

息子はとにかくパパが大好き。独り占めしたい&自然体験をさせたいと思い、友達のいる高知へ。息子だけに集中した3日間は楽しくもあり大変でパパのありがたみを感じました。

絶賛イヤイヤ期始まりました。そして現在進行中です！

魔の2歳児とは聞いていたけれど、2歳直前にして我が家にもきましたイヤイヤ期。本当に漫画みたいに大の字になるんですね。もはや笑える域、でもこれも成長の証!

家族の時間の大半はリビングで過ごします。みんなで共有する空間だから我が家はディーン以外、ソファで寝ると罰金。眠るならベッドで、と決めています。出産前はあまり気に入っていなかったカーペットの床も、子供がいるとケガを防げるので今は良かったなと思っています。

カッコいいおうちは今も諦めて

子供がいると散らかるし、おもちゃに侵食されるし、カッコイイおうちが難しいことはわかっています。でも、そこは抵抗していきたいんです！夫の仕事関係の人がリビングに来ることも日常茶飯事。だからこそ、家族もゲストも居心地のいいおうちを目指しています。

でも、リビングのおもちゃは諦めました……

→子供部屋はありますが、寝る時以外はリビングで過ごすので気づけばおもちゃが大量に。最初は何とかしたいと思ったけど、今はこの一区画だけは割り切って、ディーンのおもちゃ専用スペースにしています。おもちゃはベビーサークルの中に入れれば片付けOK。

ません

「生まれる前から準備した

"素敵な子供部屋を作る"ことは昔からの夢でした。妊娠中に海外のインテリア雑誌やPinterestでイメージを膨らませ、白とグレーを基調に、ブルーとベージュをアクセントにしたディーンの部屋。最高に楽しかったお部屋作りにZARA HOMEとIKEAが大活躍でした。

↑ドアにはアクセントカラーのブルーをベースに"DEAN"の文字。←雲柄の壁紙はZARA HOMEで購入。ベッド上の壁には寝ている様子が見渡せるようにベビーモニター用のカメラを設置しました。

ベビーベッドは早々にサイズアウトして、IKEAで買った子供用ベッドに交換。長さを調節して中学生まで使えるらしいのですが、すでに最長の長さに(笑)。大きなクッションは転落防止用、ベッドヘッドのカバーは、キャンプ好きなディーンにおうちでもその気分を、と最近設置したもの。

子供部屋は今も可愛く

プリスクールで息子が作ってくる作品は宝物。壁にペタペタ貼って、増えていくのも楽しみ。余裕がある時は額に入れたりもします。プリスクールでの息子の成長を垣間見られる気がして嬉しい♥

絵本好きの息子。「読んでー、こっちこっちー」と子供部屋に連れていかれることもしばしば。『いないいないばあ』などの定番から昔話、友達からのオススメ本、英語の絵本などたくさんのものに触れさせたいと思っています。

子供部屋は寝る前に絵本を読んで、そのまま眠る場所なので、絵本とぬいぐるみ以外のおもちゃは置いていません。息子の相棒のくまちゃんたちは友人からのプレゼント。

妊娠期から現在まで、助かり

妊娠中のノンアルコールドリンクや、産後の抜け毛、そして現在使っているものまで、使ってみてよかった厳選9アイテムをご紹介します。私も息子もラクで快適なものばかり。

スパークリングワインと間違うほどの本格派ノンアル

妊娠中に愛飲していたノンアルコールワイン"デュク・ドゥ・モンターニュ"。スパークリングワインとほぼ同じ製法で造られているので本格的な味なんです。フランスでも年間100万本を売る大ヒットなのだとか。

産後の抜け毛対策に。丈夫な髪が生えてきました

産後、排水口が詰まるぐらいの抜け毛に大ショック。1回1本を使う贅沢なスカルプケアは友人からの嬉しいプレゼント。DS ヘアデンシティープログラム ¥6mℓ×30本 ¥16,000(ケラスターゼ)

ベッドが別室でも安心できるベビーモニターは必須

暗がりでも見えて、泣いたら声も聞こえるので安心。息子が寝た後にお風呂に入る時は、防水のポーチにモニターを入れて様子をチェックしています。ワイヤレスベビーカメラBM-LTL2 ¥14,630(トリビュート)

0歳児の外出が快適に。チャイルドシートにもなるマキシコシ

普段はベビーカーに取り付けて、車に乗る時は外してチャイルドシートに。ディーンは体が大きかったので6カ月くらいまででしたが大活躍。今はVERYモデルの鈴木六夏さんに譲りました。Pebble Plus ¥35,000(マキシコシ／GMPインターナショナル)

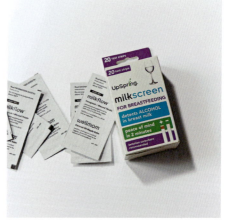

母乳にアルコールが入ってないかわかるミルクスクリーン

お酒を飲みたい！でも母乳に影響があるから飲めない(涙)、という悩みを解決。日本ではあまり知られていませんが、海外ではメジャーな母乳中のアルコールを検知する家庭用テストキット"milkscreen"。Amazonや楽天で購入できます。

グッズは「ラク&快適」が共通点

乗せるとご機嫌！息子の定位置はバウンサーでした

自分で座れない赤ちゃん期に大活躍。機嫌が悪くても乗せるとコロッとおとなしくなり、気づくと寝てくれていることも。料理をする時にも近くに置いたり、本当に助かりました。バウンサー バランスソフト ¥16,800（ベビービョルン）

木のいい香りで大人もリラックス。お風呂で楽しめる積み木

ディーンのお気に入りのおもちゃで、毎日お風呂で遊んでいる積み木。タイルに貼り付けることもでき、水に強い木材で作られているので湯船に入れてもOKなんです。お風呂積み木 noe ¥5,000（マストロ・ジェッペット）

逆さにしてもこぼれないシリコンボトル"スクイージースナッカー"

ストローマグよりもこぼれず、洗いやすい！中身が減るとへこむのでバッグの中でもかさばらなくて便利。感動してVERYモデルの辻元舞ちゃんにプレゼントしました。スクイージースナッカー ¥1,600（ティーレックス）

セカンドベビーカーは3.5キロと超軽量のアップリカ

ハワイ旅行用にと買った超軽量タイプ。息子も歩き出して、乗らない時はたたんで持ち運ぶ時もある今、片手でも開閉できるのでとても頼りになっています。マジカルエアー プラス AD ¥27,500（アップリカ）

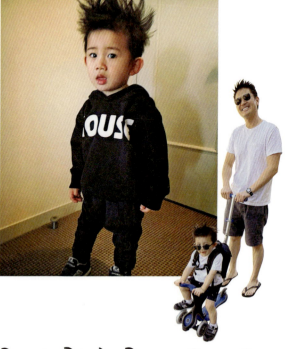

息子がいる生活がとにかく嬉しい様子の夫。いいパパになるとは思っていたけれど、想像以上に子煩悩です。息子の服とヘアスタイルは夫が担当。スタイリングテーマは"Simple&Fun"。服も髪型もパパと似たテイストなので家族でまとまり感が出る気がします。

ディーンのスタイリストはパパ

\ 白シャツベースのカジュアルは /
ディーンの定番スタイル

SHIRT _ baby Gap
PANTS _ UNIQLO
CAP _ NEW ERA
SHOES _ NIKE

シャツにスエットパンツ、キャップは夫もよくするスタイルでまさにチビパパ。名前入りのキャップはハワイのアラモアナでオーダー。

\ やんちゃ感にキュン♥ /
オーバーオールって可愛い

TOPS _ UNIQLO
PANTS&CAP _ Lee
SHOES _ NIKE

オーバーオールでよちよち歩く姿は無条件に可愛い！ 小さい頃ならではのスタイルも楽しんでいます。スニーカーはキッズジョーダン。

\ 休日のお出かけには /
カラー×チェックで優等生風

CARDIGAN _ Bonpoint
SHIRT _ baby Gap
PANTS&SHOES _ 無印良品

憧れブランドのボンポワンはデザインも色使いも最高に可愛い。1点足すだけで日常着がお出かけ仕様になるお気に入りコーデ。

\ 私たちがドレスアップする日 /
息子もジャケットスタイルで

JACKET&TOPS&PANTS _ Edist.Kids
SUNGLASSES _ Ray-Ban
SHOES _ 無印良品

モノトーンでまとめたハンサムスタイル。スエット素材なのでジャケットでも着やすく動きやすい。カッコよくても動きづらいのはNG。

\ たくさん遊ぶ公園の日は /
デニムonデニム

SHIRT _ Lee
T-SHIRT _ POLO RALPH LAUREN
PANTS _ 無印良品
SHOES _ THE NORTH FACE

ノースフェイスのスノーブーツは私も欲しいくらいの可愛さ！ ウエストゴムでストレッチ抜群の無印良品のデニムは優秀です。

Chapter
5

1歳〜イヤイヤ期ママ語録

脱力母、はじめました

母だって、疲れる時もあります。人間ですもん。肩の力を抜く瞬間があったっていいと思うんです。でも変えないのは子供と夫への愛。それさえ普遍的であれば、どんな息抜きだって愛ある教育の一部になりうるんじゃないかなあ。「冷やし中華、はじめました」くらいのノリでボソッとつぶやいてみてください「脱力母、はじめました」、と。

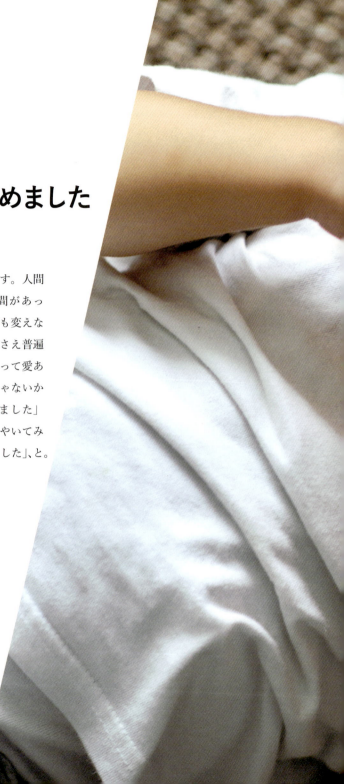

アンパンマン

もしこの世にアンパンマン神社があるのなら
毎月参拝したいくらい。

アンパンマン様には頭が上がりません。

アンパンマンのおかげで今まで新幹線も飛行機もベビーカーもレストランも大丈夫でした。
アンパンマンって世界一のヒーローな気がする。
やなせたかしさん、アンパンマンを生んでくれてありがとう（切実）。

どんなにご機嫌斜めでも、あのスーパーヒーローをちらつかせると元気になるんです。
なんてったって、「ママ」さえ言ってくれないのに
「パンパンパアン（アンパンマン）」は言う息子。
どんだけ好きやねん！

アンパンマンミュージアムに連れていった時の息子の目の輝きは一生忘れられません。

「パンパンパン…パンパンパン…パンパンパアァァァァァン！！！」
入り口からすべてがアンパンマンだらけで
軽くパニックになっている息子はもう半泣き状態。

あまりにも体全体で喜んでくれるもんだから
母も嬉しくて泣きそうになってしまいました。

息子が生まれる前は部屋のインテリアを気にして茶色に統一したり、
キャラ物やぬいぐるみなんてほぼほぼ皆無だったのに。

今ではリビング、キッチン、ベッドルームが
すべてアンパンマン帝国に侵略されました。

ここはすんなり白旗降参して、息子のハッピーに尽くします。やれやれ。
アンパンマン、育児を助けてくれて本当ありがとうね。
あんた凄いよ。

朝はほぼほぼ個人プレー

Mornings are Self-service

ここまでくるのには時間がかかりました。
なんなら夫にプレゼンしました。

「いかに朝の時間を有効に
ストレスフリーでいられるか」

私の答えは、「朝ご飯は個人でどうぞ」。
我が家では朝ご飯は前日がハンバーグでない限り出しません
(ハンバーグの次の日はハンバーグサンドが恒例)。

独身時代は自分の朝ご飯も1カ月に一回メニューを変える程度で
ほぼ毎朝同じものを食べていました。
理由は「朝ご飯何にしよう」というエネルギーを
使いたくなかったから、です。

朝は今日1日のスケジュールの確認や子供の支度、なんなら読書だってできちゃう。
その貴重な時間を「朝ご飯何にしよう」と毎日考えるのに費やしたくなかった。
もっと生産性のある時間にしたい!という意味不明な私の考え。
いや、私にとっては意味不明じゃないんだけどさ、夫からしたら意味不明らしい。

もちろん息子の朝ご飯は作って食べさせますよ、母だもん。

ということで、朝ご飯の時間は一緒であるものの、
みんなそれぞれ食べるものが違うという変わったスタイルな我が家。

しかし、夫がサンドイッチを作ってくれる時もある。
そんな時だけ、朝ご飯バラバラスタイルを一時中断する
調子のいい女なのです。

そうなんです、うちの子、もう彼女がいるんです。
息子のほうがぞっこんで、一ミリでも離そうもんなら情けないくらいの男泣き。
よくできたお嬢さんで、特技は掃除ですって。

雑誌 VERY のタイアップ撮影で出会い、今やもうなくてはならない存在に。
朝どんなに機嫌が悪くても、彼女の名前を言うだけでニコニコ顔。

ずっと寄り添って、たまに触れる。
激しくぶつかって喧嘩して、そしてまた恋しくなって近づいていく。
なかなかクールな彼女はマイペースにいろんなところに行っちゃうんです。
だから息子は必死で追いかけているわけ。

そんな光景が微笑ましくて、母はずっとニンマリしてしまいます。

でもあまりにも一方的にずっと求愛しているので、
そろそろ現実を教えるべきかどうか考え中。
いくらお互いが愛し合っていても結ばれない愛もあるじゃないですか。

そろそろ現実を見ようよ、我が息子。
諦めなさい。

なぜなら、
それはルンバだから。

A Day Not Bathing Won't Kill You.

プリスクールに行き始め、常に行き帰りの服装が違う息子。
通園バッグの中には
グシャグシャ＆ビチョビチョになった洋服がビニール袋の中に入ってる。

お風呂は1日入らなくても

"ディーンくん、今日はお水を頭からかぶってお洋服が濡れてしまいました！"
"泥の中にダイブしました"
先生からのメモが、どれだけ今日が楽しかったのか想像できて、笑ってしまう。

それだけ遊んだにもかかわらず、
買い物時のスーパーでは走り回り、階段も登り降りを繰り返し、
夕飯時には踊りを踊っている。
この子はどれだけエナジーが残っているんだろう……
子供、恐るべし。

やっとこさ夕飯を食べさせ終わった頃に動きがスローになってきた。
この後、眠くてご機嫌斜めになる前にお風呂に入れるまでが大仕事。
片付けもままならないまま、焦ってお風呂を焚くものの、

すでに時遅し。
眠くてぐずついている息子。

あ————————〜〜。
いいや、もう、パスパス。
風呂パス。
1日くらいお風呂入んなくても大丈夫でしょ。

無理やり起こしてお風呂入れるより、もう体をそーっと拭いて
パジャマ着させて平和に寝かせようっと。

死なない（私は死ぬけど笑）

いつもよりも1時間も早く寝てくれましたディーン選手。
母思いなヤツめ、と幸せそうにイビキをかいている息子を
ベッドに運び、ゆったりと片付けを済ます。

お風呂入れないだけでこんなに時間が違うもんかね。

ごめんね。臭いね。

でも、君も眠いってことで今日はズルしよう。
お風呂は明日入ろう。代わりに私は今からゆっくり入らせていただきます。

さんきゅ〜。

ノーノー期の子供の

顔、結構笑える
Overcoming the "NO" Stage with Laughter

　1歳11カ月の息子、まさにイヤイヤ期です。

着替え、ご飯、お風呂、鍵、
毎日何度もひっくり返ってます。

英語教育もあってか、我が家のイヤイヤ期はノーノー期。

「ノーーー！！！！」

と言いながら泣き叫ぶ姿を毎日見ていると、
「なんでやねんっ！」って笑えてくるレベル。

言葉がうまく伝えられないから、「ノー！」って叫ぶことしかできないんだよね。
自我の芽生えとはこのことか、成長したなあ。。。
なんて泣き叫ぶ息子を見ながら思いに耽ることもしばしば。

家の鍵を開けたかったのに、私に勝手に開けられてしまい
大泣きの我が子を見ると
「お兄さん、今、君はこんな鍵のためにそんなに泣いているのかい？
鼻水まで出しちゃって……」と無性に抱きしめたくなるくらい可愛い。
本気で地団駄している子は漫画の世界でしか見たことなかったけど、
実在するのね〜なんて感心。

ノーノー期は、何のプランも予定通りにいかないね。
待ち合わせには1時間早く支度を始め、結局いつもギリギリ。

これもまた思い出になるんだろうか。。。
今はまだ想像もつかないなあ。

息子は私のことを "パパ" と呼ぶ

Little Dean Calls Me "Papa"

何回教えても「パパ」と言う。
パパっ子って結構ママが休めたりして、
パパになついてくれて本当にいいわ〜と一息つくこともあるんだけど。

でも、うちの息子のパパっ子ぶりはすごい。

パパがいないと一生懸命探して、いないと大泣きして。
自分の好きなお菓子をパパに食べさせてあげることは当たり前。

そんなパパも息子を愛しすぎていつもお揃いコーデ。
微笑ましいんです。でも、パパっ子を尊重しすぎて最近
歯止めが利かなくなってきました（笑）。

スーパーで買い物中、私を「パパ〜！」と呼びながら
アンパンマンのクッキーをねだる毎日。その姿を見たおばさまたちは
「あらあら可愛いわねえ」みたいな微笑ましい顔をしてくれる。

しかし母は内心ちょっとドキドキ。
このおばさまたち、内心は『あー最近の若いもんはお父さんに
すべて任せているから子供が懐かないのね〜』なんて
怒られるんじゃないかって小心者まりあは異常にビクつき、
「ヤダもうママでしょ〜！！！！ 勘弁してっ☆」みたいな
コメディーのワンシーンを演じてみる。

おばさまたちならまだいい。
問題はプリスクールだ。
迎えに行くと「パパーーーーー！！！！」と
満面の笑みで抱きついてくれる可愛い息子。
内心ホロリと泣き笑いな母。

先生たちも笑ってくれればいいのに、ものすごい焦っちゃって
「お母様、違うんです、さっきまで写真を見ながら
"ママ！"って叫んでました」と私をなだめてくれる。

ここでも小心者まりあは
「母親失格と思われたらどうしよう」と考えて
「あの、家では私が夫のことを"パパ"って呼んで、

夫は私のことを"まりあ"って呼んでて〜（以下省略）」みたいな
聞かれてもいない言い訳を始める。
なんとも切ない。
母親として認識されていないんじゃないかという心配と、
母親失格かもという不安、そしてパパに対するジェラシー。

一体息子はいつ私のことを
"ママ"と呼んでくれるんだろう。
周りの子と比べちゃいけないのはわかってる。

でも母親の夢が詰まってるんだもん。
母として認識されて"いる・いない"で
家事のモチベーションは全然違うじゃない？

昔、いたよね、
母親のことを名前で「〇〇ちゃん」みたいに呼んでる親子。
憧れたな。
いや、でも違う。やっぱり私はママって呼ばれたい。

ジージもバーバも言えるじゃん。
なんならハローもアップルもライオンもイエローも言えるじゃん。
こんなにいつも一緒にいるじゃん。

そんな切ない気持ちでいっぱいな時にやっぱり横から呼ばれる
「パパ！」
「パパ！！！！」
「パーーーーーーパーーーーーー！！！！」

そして、お決まりの返し
「だーかーらーーーーーーー、ママだから！！！！！！」
あ……

私はその時見た。
息子の口角が一瞬上がり、ニヤッと悪い顔。

アーーーーー！
……こいつ……わかってるな……？

1歳児に一本取られた31歳。

イヤイヤ期こそ二人旅へ

A Spontaneous Trip with Little Dean

ある日の朝、急に思いついた。

「そうだ、二人旅へ行こう」

夫と喧嘩したわけでも、疲れていたわけでもない。
息子との思い出を急に作りたくて、
いてもたってもいられなくなってしまった。

きっかけは息子と共演した雑誌 VERY のバーベキュー特集でした。
今まで一度も経験したことのないアウトドア体験に息子は興奮状態。
私もそんな息子を見て心から嬉しかったし、
「あ、もっと自然に触れさせたい」って思ったんです。

そして何よりも、パパっ子が過ぎる息子を
独り占めしたくなったという何とも勝手な母の思い。

一日中お手手つないで自然と戯れて、ゆくゆくは
「ママと遊ぶのだーいすき！ ママと結婚したい！」みたいなことを
連発してくれないかなあと下心満載。

良いことずくめじゃん！
私も自然に癒されよう！

高知に住んでいる友人に連絡を取り、
ちょっと自然に触れたいから息子と行くぜ、と伝えたのは思い立った 30 分後。

思い立ったら即行動がモットーの私は（逆に言うと、それしか見えなくなる人）、頭の中は幸せな
高知旅の妄想でいっぱい。飛行機を取り、寝どころを確保し、すべての用意は完璧！

……結果、

メッッッッッッッッちゃ大変でした。

いやね、楽しかったんです、すごく。
自然にも触れられたし、息子はとにかく幸せそうにはしゃいでいました。
素晴らしい経験をして忘れられない思い出になったよ。

しかし、
イヤイヤ期絶頂の息子との二人旅 by 飛行機は想像以上に大変でした。

世の中のワンオペマザー、そして里帰りでよく飛行機を利用する
お母さんたちを心から尊敬します。本当に。

まずは荷物が多い。
ベビーカーはもちろん、2泊分の洋服（ってことは着替え一日2〜3回として、
6着くらい）、天候の変化に合わせて上着、オムツを大量に（Lサイズでかめ）、
おもちゃ etc.……。

私の荷物は T-shirt 一枚と下着、携帯。

それなのに夜逃げばりの荷物になり、さらに14キロの息子もプラスされる。

その息子はもちろんじっとしているわけもなく、旅行を体全体で楽しんでいました。
もはや羽田空港の床とも大親友になったようで、
何回も顔をすりすり大の字で寝転がる始末。

母ちゃんお手上げ。
飛行機はもう、iPad という神の申し子に全力で助けを求めましたとさ。
教育に悪いとかもう知らん、iPad を見てる時だけおとなしいんじゃい！

高知旅。
私が自然に癒された記憶は一切ないけれども（笑）、二人でこの時期に旅に出たということ、
そして自然の空気の中でたくさん遊ばせることができたということ、
べったり息子と向き合い続けることができたことは素晴らしい思い出になりました。

家の中だと、二人きりでいても家事をしていたりで
なかなか一日中息子だけを見ることは難しい。

だからこそ、この3日間は息子だけに集中していました。
この旅で学んだ言葉、自然の感覚、怒られたこと。
きっとすぐに忘れちゃうのかな？
覚えていてくれるかな？
いつかクソババアって言われるのかな？

きっと私は子供が大きくなった時に何回も何回もこの旅の話を繰り返すでしょう。
初めての二人旅。
それほど私にとっては大変で幸せな経験でした。

にしても

パパのありがたみをこの旅以上に感じることがあったでしょうか。
いや、ないな。

パパや第三者の存在の大切さ、
身にしみたわ〜〜〜〜〜。

Chapter

6

ビューティ語録

産後芽生えた
ビューティへの探究心

ちょっと前までメーク落としさえ持っ
ていなかった私がビューティにハマり
ました。特に肌作り!
きっかけは、一緒に仕事をするモデル
さんたちの美しさに刺激を受ける毎日
と「母だからこそ、もっとキレイにな
りたい」という気持ちの芽生え。ケア
は嘘つかない。肌は大事に大事にして
あげればあげるだけ、応えてくれます。
ペット禁止なマンションに住んでいる
からか、自分の体を愛でることに目覚
めたのかも(笑)。

TOPS_LA PERLA

The Road to Beautiful Korean Skin

目指せ韓国肌!

韓流ドラマを観るたびに憧れる、ツヤ肌の上をいく"濡れ肌"。
研究を重ね行き着いた韓国肌に近づくための愛用品を紹介します。
きちんとケアを始めたら、悩んでいた敏感肌もニキビもなくなり、肌が強くなりました。
韓国で肌のキレイな人に会ったら「何を使ってますか?」と聞いて情報収集も欠かしません!

合間に使える美肌グッズも揃えています

BAGにINして隙間時間は"Refa"でコロコロ
小さいので持ち歩くのにも便利なリファエスカラットレイ。暇さえあれば、目元、首の後ろ、鎖骨などをぐりぐり。筋肉の硬直を解いてリラックス。本人私物

唇専用ケア"LIPLU"で理想のぷるぷるリップに
専用の美容液とともに使うとぷるぷる唇に。乾燥、縦ジワ、くすみにアプローチして、口紅を使わなくてもピンクの唇に。リップルセット ¥13,600(MTG)

肌が疲れたと感じたらRMKのグローミストを
香りも好きで毎日持ち歩いています。ひと吹きでみずみずしい肌に。メークをしっかり密着させ、化粧崩れを防ぐ効果も。グローミスト CI ¥2,500(RMK)

102

肌作りは約15分!

洗顔後はSK-IIの化粧水をたっぷりと

ドラッグストアの化粧水を何年も使っていたのですが、大人になったので仕事をきっかけにその良さを知ったSK-IIデビュー。さすがロングセラーなだけあっていい! しっとり滑らかな肌になり、それまでのスキンケア後の肌との違いに驚いています。SK-II フェイシャル トリートメント エッセンス 160ml ¥17,000(SK-II)

家事をしながらのパックタイムはミノンか韓国ものかの2択

肌の調子で使い分け。肌が弱っている時はミノンで、うるうる肌に。左は韓国の方に教えてもらったAbib。数百円ですが、効果絶大でハリが出ます。韓国へ行くたびに購入。【左】本人私物【右】ミノン アミノモイスト うるうる美白ミルクマスク(医薬部外品) 4枚入り ¥1,500 ※編集部調べ(第一三共ヘルスケア)

皮膚科処方のZO SKIN HEALTHでむき卵のようなツヤ肌に

肌がつるつるの人に聞き込んで知った、角質を取って肌を再生してくれるビタミンAクリーム。医療機関専売品なので、HPで取扱いクリニックを調べ、処方してもらいました。左は特に威力が強いので、最初は両方を1:1で混ぜて使います。【左】レタマックス【右】レストラカーム ともに本人私物

美容液はツヤハリ重視 YON-KA or 韓国のCNP

ツヤが欲しい時に頼りにしているYON-KAはリピート3本目。朝晩のお手入れにも使いますが、持ち歩いて濡れ感が足りないと思ったらメークの上からも足します。ハリが欲しい時はプロポリスが入っている韓国の美容液CNP Laboratoryを。【左】ニュートリ+ 15ml ¥7,600(YON-KA PARIS)【右】本人私物

潤いを閉じ込めるパックの役割はSK-IIの美容乳液

肌をクリアにし、美容液で潤いも足したあとの仕上げがSK-IIの乳液。"縦横無尽のハリツヤ"のキャッチコピーにも惹かれました。まさにスキンケアのとどめのハリツヤを与えてくれます。SK-II R.N.A.パワー ラディカル ニュー エイジ 50g ¥11,550(SK-II)

ハリ感No.1! クラランスのアイクリーム

いろいろ試した中でハリをいちばん感じられたアイクリーム。目元は年齢が出る場所なので30歳になってからケアを始めました。夜に下まぶたと目尻に塗ると翌朝ふっくら! べたつかないテクスチャも気に入っています。ファーミング EX アイクリーム 15g ¥7,400(クラランス)

韓国で流行中の再生クリーム CellapyとÄRZTIN

肌細胞の生成を促進してくれると韓国で話題の再生クリーム。肌のキレイな韓国の方に強くオススメされたCellapyは韓国のドラッグストア"オリーブヤング"で買いました。右も韓国ブランドのÄRZTIN。ハリが出て、翌朝の肌が違います。【左】本人私物【右】エルツティンシルククリーム ¥4,986(エルツティンジャパン)

韓国皮膚科の美肌受付嬢に聞いた! SMART COVER CCクッション

CCクリームとしては珍しいクッションタイプ。毛穴がなくなるので、下地代わりに使用。Tゾーンと目の下にちょんとのせると、くすみもとばしてくれます。韓国で行った皮膚科の受付嬢の肌があまりにきれいで、思わず聞いてしまったこのファンデも韓国ブランド、すっかり韓国コスメに夢中です。本人私物

濡れ肌を目指すならファンデはクッションタイプがオススメ!

韓国肌を目指してからクッションファンデ派。ツヤ肌にしたい時は韓国コスメのHERA、濡れ肌にしたい時はクリニークと使い分け。オリーブヤングで買ったパフスポンジは平らな面もあるのでキワまで塗れて最高。【左】スーパー シティ ブロック BB クッション コンパクト50 ¥5,800(クリニーク)【中・右】本人私物

失敗したらやり直すくらい大切な３プロセス

1

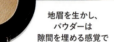

地眉を生かし、パウダーは隙間を埋める感覚で

以前は抜いて、無理にキリッと眉を作ろうとしていましたが、すべて生やしたら自分の本来の眉山と眉頭の位置がわかるように。パウダーで隙間を補います。アナスタシア ブロウパウダーDUO ¥3,200（アナスタシア）

2

眉尻はペンを使用。1本1本描くように足します

基本的に形は自分の眉を生かし、眉尻のみペンで足しています。毛流れに沿ってなじむように描くのがポイント。汗でも落ちにくく超極細芯で描きやすい。ブロウペンシル 12レディッシュブラウン ¥3,500（アナスタシア）

3

ちょっと濃く見せたくてまつげと同じマスカラを毛先にふわっとON

まつげと眉の色を揃えたいな、と思った時にまつげと同じマスカラを使うことを思いつき、やってみたらいい感じ！美容液マスカラで負担が少ないのもいい気がします。ラッシュCC ¥4,500（ヘレナ ルビンスタイン）

出かける時はカーキのアイラインをプラス

黒よりも"描いてます感"がなく、でも印象的な目元に

黒よりも強くなく、茶より甘くない、カーキのアイライナーを愛用しています。肌なじみも良く洗練された印象に。INラインをペンシルで描き、目尻にリキッドを使っています。【左】ラスティング ソフト ジェル ペンシル N M [グリーン ブラック]¥2,600（シュウ ウエムラ）【右】ラブ・ライナー カラーコレクション[カーキブラック]¥1,600（msh）

眉毛に 命、賭けてます

Eyebrows Shape my Day

出産直後の写真で不本意な眉は嫌！と
分娩時に汗を拭ってくれる夫の手をよけて眉を守ったほど（笑）。
だって顔が全部変わるくらい、印象に影響すると思うんです。
一直線よりも少し眉山がある自然なキリッと眉が好き。

ストレス発散は

Relieving Stress by Boxing at Home

夫にムカつく時?
もちろん、ありますとも。

日々イラつく瞬間?
ええ、ええ、あります。

そんな時は家の家具を端に寄せて、合法的にすべてのストレスを拳に預ける!
「スポーツ」を言い訳にして、思う存分へなちょこパンチを繰り広げる!

キックボクシングを趣味にしている私たち夫婦。
特に夫は試合経験もあり、私のパンチなんて余裕でかわすんです。
だからこそ闘争心に火がつき、遠慮なんてなしにパンチ連打!

これが口論の代わりとなり、
動くことでストレス発散となり、もう最高。

本気の

パンチを禁止され、ガードのみに徹する夫は
「なんのメリットもないじゃん!」と叫んでいます。

いいじゃないの、これのおかげであなたに雷が落ちずに済んでいるのよ。
子供にはまだ見せられない、そんな母の顔がここにあり。

自宅スパーリング

時間を見つけて駆け込む

グレースフィオーレ恵比寿店

施術前後の変化に感動し、月1で通っています。頭皮を緩めてくれて、顔の左右差も治りました。この矯正と洗顔後のオイルがすごく合ったみたいで、肌がつるぴか。その後にファンデーションを塗った肌は最強で、何枚も自撮りをしちゃいました(笑)。東京都渋谷区広尾1-5-9 ミドルリバー広尾102号 ☎03-6805-1585 営10：00～21：00 休年末年始

> 頭皮、顔、デコルテまで施術してくれる小顔矯正。目が1.5倍になります

松倉クリニック&メディカルスパ

皮膚科を探していたところ、友達から評判を聞き通い始めました。以前に比べて肌が丈夫になってきたものの、ニキビや吹き出ものなど突然の肌トラブル時に駆け込みます。予約の変更にも柔軟に対応してもらえるところも通いやすい。東京都渋谷区神宮前4-11-6 表参道ビル9F ☎03-5414-3600 営平日10：00～20：00、土・日・祝～19：00 無休(お盆・正月除く)

> ニキビ、吹き出もので悩んだ時頼れる皮膚科にやっと出会えました

Beauty Spots

美容アドレスを常備

> 産後の骨盤ケアから
> 日々の疲労回復まで
> まさに駆け込みスポット

かむろざか鍼灸カイロ治療院
BRAVO BODY

カイロプラクティックで体の歪みを取り、慢性的なコリを解消してくれます。内容はいつもお任せですが、とにかく体が軽くなるんです。子連れでもOKなので産後の骨盤ケアも通いやすい。良心的な価格も◎。東京都品川区小山台1-30-19 アパートメント小山台101 ☎03-6412-8420 営月・火・木～土11：00～22：00、日・祝10：00～17：00 休水 この本をご持参いただいた方に美顔鍼をサービス（初回の方のみ）。

> 服がキレイに着られる体を
> 目指して週1で
> キックボクシング

バンゲリングベイ プレミアム

キックボクシングは好きで妊娠前から通っていましたが、昨年末からキックボクシングチャンピオンでボディメークのスペシャリスト、パコム・アッシ氏のもとトレーニングも本気モードに。女性らしく、でも締まるところが締まった体が理想。東京都渋谷区恵比寿3-29-17 ☎03-6905-6573 営平日6：00～22：00、土・日・祝～18：00 無休

> 夫と息子と家族三人で
> お世話になっている美容室。
> 担当は代表の青木さん

TIECHEL

女性誌でも活躍している方ですが、夫がずっと切ってもらっていて、息子も早々にデビュー。青木さん自身がパパなこともあり、アットホームな雰囲気なので三人でTIECHELに行くことも家族の楽しみな時間です。東京都港区北青山3-10-18 北青山本田ビルB1 ☎03-5468-8232 営月・木・土・日・祝10：00～19：00、水・金13：00～22：00 休火

Chapter

7

ママの休憩

一人時間が母を美しくする、気がする

子供のために、家族のために生きている、と断言したいところですが、やっぱり自分のためにも生きたい。そんな気持ちを満たしてくれるのがほんの少しの一人時間。どんなに短い間でも考え事ができたり、趣味に仕事に没頭できたりする魔法タイム。その切り替えがあるからこそ、家族に優しくなれる私がいます。

BAR

@グランドハイアット東京
オークドア

ふらっと一人でも立ち寄れる
雰囲気のバースペースでスケ
ジュールを確認したり、考えを
まとめることも。この本の原
稿もここで書いたもの多数。
東京都港区六本木6-10-3

JACKET&PANTS _ THE NEWHOUSE
KNIT _ Shinzone

SHOPPING

@Ron Herman

欲しいものが見つかりすぎて危険な場所(笑)。悩んだら3つコーデが浮かべば買ってOK、がマイルール。意外と堅実派です。
東京都渋谷区千駄ヶ谷2-11-1

TOPS&SKIRT _ STAUD
BAG _ LOEWE
SUNGLASSES _ THIERRY LASRY
SHOES _ Shinzone

READING NOVELS

ミステリー小説が好き。新幹線の移動やロケバスでの待ち時間はすすんで読書タイムにしています。新刊をチェックするのは東野圭吾さん。

KNIT _ ESTNATION
SKIRT _ beautiful people

WATCHING K-DRAMA

韓国ドラマにハマっています。リラックスできる服を着て辛ラーメンをすすりながら見る時間は至福♥ 今、観ているのは、「相続者たち」です。

SALAD TIME

@クリスプ・サラダワークス
広尾店

親子で出かける時は選ぶメニューも速度も子供を優先しちゃうから、一人の時は野菜をゆっくり噛み締めて食べたい！お気に入りのサラダはボリュームたっぷりのファームボウル。
東京都港区南麻布5-16-6

KNIT _ HERMÈS
SKIRT _ Ron Herman
HAT _ HELEN KAMINSKI

Chapter

8

INTERVIEW

インターネットよりも先生にズバリ聞きたい

"子育て都市伝説"
実際どうなの !?

初めての妊娠ならなおさら気になりま
すよね、妊婦のNG。あまりの規則の
多さに、ぐったりとしてしまうことも
しばしばありました。大好きなお寿
司、うなぎ、生ハムに温泉……。赤
ちゃんのことはもちろん何よりも大切
だけど、やっぱりハッピー妊婦ライフ
を送りたい皆さん! 都市伝説の真相を
確かめてきたので安心してください♡

妊娠中の"やっちゃダメ"の本当のところって!?
検診から出産まで、とてもお世話になった
錢先生にお話を伺いました

まりあ（以下M）：おひさしぶりです！ 先生のおかげで安心した妊婦期間を過ごせて本当に感謝してるんです。産後、思うように母乳が出なくて落ち込んでいる私に「じゃ、退院する？」と提案してくれたのもとっても救われました。

錢先生（以下S）：妊娠中すごく順調だったもんね。いつもご主人と二人で検診にいらしていて、とにかく楽しそうな夫婦という印象。出産の日も「いっぱい食べてきました！」って本当に明るかったよね。そういえば、ご主人からもよく電話をもらいましたね。

M：そう、心配するとすぐ先生に電話していました。「まりあがお腹が痛い、って言ってるんです」って。ただお腹をこわしただけだったんですけどね（笑）。

S：検診で会う時は日本語だけど、電話で切羽詰まった感じの時は英語になっていて……、心配してるんだなと伝わってきました。

M：（笑）。今日は妊娠中にやってはいけないと聞いたことがあるものについて教えていただきに来ました。まずは食べ物から教えてください。ひじきやうなぎを食べるのはダメですか？

S：妊娠中のひじきについては初めて聞いたので私なりに調べてみたところ、海藻にはヒ素が含まれていて、その中でもひじきは含有量が多いから気をつけましょう、というのが理由のようですね。でも、ヒ素をそのまま飲むわけじゃないし、あんなに小さいひじきを一日少量食べたところで影響が出るとは思いづらい。少なくとも産科婦人科学会では禁止していないの

DRESS _ ESTNATION

錢 瓊毓先生
せん けいいく

産婦人科医。愛育クリニック（東京都港区）インターナショナルユニット勤務。日本語・英語・中国語・台湾語を話す。愛育クリニックで妊婦検診や婦人科外来診療を行い、担当妊婦の出産時には専属医師として愛育病院（東京都港区）へ赴き、妊娠から出産までの一貫したケアを提供している。

妊娠すると、それまで何も思わなかったことが気になることが多いですよね

バーはビタミンAを多く含んでいるから妊娠初期には控えましょう、と推奨していたりします。でも、日本では食べる頻度がそこまで高くないのであまり聞きませんし、うなぎも毎日食べるわけじゃなかったら問題ありません。あと、生ものについてはどの国籍の人にもよく質問されるのですが、生魚は実は大丈夫なんですよ。

M：それを聞いてすぐ、私はお寿司を食べに行きました（笑）。

S：でも、魚の水銀量の話は別。水銀は排出されずに体内に貯蓄されるもの。食物連鎖で大きい魚のほうが水銀を多く含んでいるのも事実です。だからと言ってまぐろを食べないという話を耳にしますが、**まぐろ一匹を食べるわけじゃないから、1切れお刺身を食べるだけでは水銀被害が出ることはありません。**

M：なるほど。これも量の問題なんですね。**生卵もよくないって聞いたことがあります。**

S：問題ないですね、それも食あたりの恐れがあるってことで言われてるのかな。

M：でも、生肉は先生に止められた気がします。

S：そう、**生肉はだめ。お肉はちゃんと加熱してください。ローストビーフや生ハムも同じ。**トキソプラズマという感染症があるんです。妊娠してない時に感染しても問題がないのですが、妊娠中は、胎盤を経由して赤ちゃんにも感染し合併症が起きることがあります。流産の危険もあり、生まれてくる赤ちゃんに障がいが起きることも。

M：怖いですね、先生の言うこと聞いておいてよかった。

S：トキソプラズマは猫の腸に入ってそこから糞に紛れ込むこともあるので、**妊娠中は猫との接触も気をつけてください。**トキソプラズマは一度感染すると抗体ができて再感染しないので、血液検査で抗体を持っているかどうか調べることもできます。私の患者さ

で食べて問題ないと思いますよ。うなぎも最初理由がわからなくて。

M：私も妊娠中に同じことを聞いて、先生に「なんで？」って逆に聞かれたので、「あ、いいんだ」と思いました（笑）。

S：うなぎについても調べたのですが、うなぎはビタミンAをたくさん含んでいて、妊娠中にビタミンAを過剰摂取すると胎児奇形の危険があるからダメという理屈のようですね。妊娠中のビタミンAについては一日の摂取上限量が定義されているのですが、**うなぎは食べても影響はないレベルだと思いますよ。**

M：うなぎ一匹の中にどれだけビタミンAが入ってるかが大切ってことですよね。

S：そう、大事なのはそこ。何をどれだけ食べると良い、悪いという点を頭に入れて情報処理しないと何も食べられなくなっちゃう。食文化は国によって違うので、鶏の肝臓（レバー）をよく食べる国では、鶏レ

んには検診の時に検査を組み込んでいて、抗体がない人には気をつけるよう話しています。
M：トキソプラズマに感染するとどんな症状が出るんですか？
S：自覚症状はほとんどないんです。
M：じゃあ検査しないと抗体があるかもわからないですね……。
S：そうなの。鹿肉にはトキソプラズマが多いと言われていて、よく食べるフランスだと、トキソプラズマの感染歴がない妊婦さんは新たに感染してるかどうかを毎月調べるらしいですよ。
M：トキソプラズマって初めて聞いたけど、うなぎや生魚はNGと耳にしたことがあって……うわさやインターネットの情報だけだと怖いですね。
S：そう、何事も、情報を鵜呑みにせず、情報の扱い方に気をつけることが大事ですね。
M：**カフェイン（コーヒー、紅茶）はどうですか？**
S：たくさん摂り過ぎると、赤ちゃんが小さく産まれる、流産、死産につながることがあるという研究報告があります。でも、WHOが300mg以下なら問題ないとしていて、じゃあその300ってどれくらいかというと、日本の厚生労働省は**コーヒーなら1日3〜4杯は大丈夫**としています。
M：じゃあ、ティラミスの上にかかってるコーヒーの粉に「ああ。どうしよう!」と気にすることは……？
S：ないですよ（笑）。毎朝1杯のコーヒーも問題ないよと言うと「よかったー!」と帰って行く患者さんがたくさんいます。
M：妊娠時、カフェインを気にしてデカフェにしていたけど、1杯は問題ないなら普通のコーヒーを飲めばよかったな（笑）。
S：デカフェでもゼロじゃないし、たとえば体に良さそうなエナジードリンクにもカフェインは入っています。飲

んでダメとは思わないけれど、カフェインを気にするならやっぱり量を考えてみて。
M：**チーズはどうですか？**
S：リステリアに感染するリスクがあると言われていて、**加熱殺菌してないのは避けましょう。スモークチーズなどは大丈夫**ですね。リステリアに感染すると流産、早産、死産の原因になることがあり、感染した週数が早いほど予後が悪いと言われています。
M：安心していい週数ってどれくらいなんですか？
S：それを明言するのは難しいです。トキソプラズマも、感染した週数が遅いほうが赤ちゃんへの影響は小さいんですよね。週数が進んでるということは、それだけ赤ちゃんが育っているということだから、その分赤ちゃんも強いのかな。
M：先生に質問すると軽やかに返ってくるので、毎回安心して帰れたんですよね。

何をどれだけ食べると良いのか悪いのかをしっかり知ることが大切

S：妊娠すると自分のことだけではなくなるから、いろんなことに敏感になる。自分だけだったら何も考えずにおいしいと食べられていたものが、妊娠した途端に、これは体に良いの?と気になる。それが心配につながって、つらくなっちゃう人もいるけど、そういう妊婦さんの健気さって私は好きです。この健気さがネガティブな方向へ行かないようにお手伝いするのが私たち産科医や助産師の仕事だと思っています。

M：アルコールはどうですか?

S：原則として妊娠中にアルコールは飲まないでください。アル中のお母さんから生まれた子は発達に影響が出やすいのですが、コーヒーのようにこれくらいの量ならOKという基準がありません。体質や飲み方も違うし、妊娠週数によっても違います。でも、「妊娠してるのに気づかず飲んでいました」という話はよくあるので、「いいよ、今から飲まなければ」と話しています。

M：授乳中の飲酒はどうですか?

S：「飲酒後2時間以上空けて授乳するように」と指導しています。この場合の飲酒は、缶ビール1缶またはグラスワイン1杯程度を想定しているので、それ以上の量を飲んだ場合は、もっと時間を空けるのがいいでしょう。この目安に関しては、国によっても医師によっても多少前後するので、目安と思ってください。母乳へ移行するアルコール量はとても少ないのですが、赤ちゃんにとってその量が「少ない」かどうかはわかりません。だからこそ、アルコールが抜けてから母乳をあげましょう。

M：私は吸わないのですが、タバコも一緒ですか?

S：いえ、タバコは絶対吸ってほしくない。タバコは顕著に赤ちゃんに影響が出ます。赤ちゃんの成長が悪くなって早産になったり、胎盤早期剥離といって赤ちゃんが生まれる前に胎盤が子宮からはがれて赤ちゃんが亡くなったり、お母さん自身に命の危険が及ぶことも。喫煙者の中には「吸わないストレスは赤ちゃんにも悪い」と言う妊婦さんもいるのですが、

私からすると、精神的ストレスのほうがタバコよりよっぽどいい。ネットを見ても「吸ってたけど大丈夫だった!」という個人の体験談が出てきますが、それはたまたま運が良かっただけ。絶対毒ではないから吸った全員に同じことが起こるわけではないけれど、私たちは悪影響の事例を見ているので、禁煙の必要は本当に認識してほしいですね。

M：お酒よりもタバコはダメのレベル感が違いますね。電子タバコや副流煙はどうですか?

S：電子タバコも副流煙も避けてください。生まれた後も家族に喫煙者がいると乳幼児突然死症候群のリスクが高まると言われているんです。いろいろなことを考えると、妊娠したら、妊婦さんだけでなく、家族もタバコのやめ時ですね。

M：妊娠中に飛行機に乗ることは?

S：問題ありません。妊娠週数も関係なく、乗ったからといって早く産まれるわけではないです。旅行も止めませんが、行った先で何かあった時に、頼る病院はあるか、保険は大丈夫か、など最悪の事態も考えてその対応をしたうえで出かけてください。

M：運転や自転車は?

S：問題ないですよ。

M：プール、温泉は?

S：よく聞かれますけれど大丈夫。

M：細菌が入ると言われたことがあるのですが……?

S：プールって感染が起こらないように塩素などを使ってますよね。温泉に入って菌が……というなら普段から温泉に入れなくなっちゃいますし。妊娠中に細菌が腟から子宮に入って子宮内感染したら流産になる可能性はあるけれど、プールや温泉が原因でという可能性は極めて低いです。

M：神経質にあれもダメ、これもダメって思わなくていいんですね。

S：妊娠中にやっちゃいけないことは実は少ないんですよ。

M：すごく多い気がしてました。
S：まりあさん、何か控えてたっけ？（笑）
M：いえ（笑）、結局、お酒くらいな気がします。髪のカラーリングやパーマは？
S：まったく問題ないです。"経皮毒"っていう言葉がありますが、医学用語ではないんです。ネットで「経皮毒」について調べると、皮膚から毒が入って、なぜかわからないけれど毒が子宮に蓄積される……なんてことが書いてあります。すごいですよね、ピンポイントに子宮に届くなんて！
M：え？ 医学用語ではないんですか!? 私、この言葉を見てカラーリングするか悩みました。実際にカラーリングをしたことで赤ちゃんにダイレクトに影響があることは？
S：絶対ありません。
M：なんてややこしい言葉！ 事実でないと知ってすっきりしました。
S：妊娠出産にかかわらず情報を鵜呑みにしないことは大事ですね。
M：ミルクは母乳じゃないとダメですか？
S：これは自分で選ぶことだから。その人のスタイルでいいと思うんですよね。母乳とミルクの議論は日本だけでなく世界中にあります。永遠に相容れないバトルなんですよね。
M：私は思うように母乳が出なかったので、母乳育児じゃないと母でないと言われてるようで傷つきました。
S：それぞれの事情があるので、絶対はない。母乳の良さは理解できるし、母乳を推奨する理由もわかります。だけど、母乳じゃないといけないと思い込んで、ネットで母乳を買った事件がありましたが、衛生上よくなくて、本当に恐ろしい……。そこまで追いつめられると、本来の母乳を推奨してることと違ってきますよね。
M：冷静に考えるとわかるけどその方も必死だったんでしょうね……。母乳をあげなさいと言われちゃうと、出ない自分が悔しくて悲しくて。

S：出る人も出ない人もいて、自分を否定することはない。母として不完全と思う必要はないですよ。
M：妊娠したり、母になるとそれまで気にならないことが気になったり、「母の暗黙のルール」に縛られそうになるけれど、先生に出会えて事実を知った妊娠生活が過ごせて本当に良かったと思っています。
S：妊娠にかかわらず健康のことになると、人って急に視野が狭くなってしまう人が多いんです。でも、基本的にやっちゃいけないことはあまりなくて、喫煙はやめてほしいなど、数ポイントくらい。仮に早産になってしまった時、それまで兆候もなかったら、残念ながら私たちも原因はわかりません。事実を受け入れて、小さく産まれた赤ちゃんが元気に育つにはどうしたらいいか、この病院にはケアできる環境があるからよかったね、と気持ちを切り替えていくしかないんです。妊娠は思い通りにいかないことも多いから、フレキシブルであってほしいと思います。子育てのほうがもっと思い通りにならないので、その練習と思ってもらえたら……。そして妊娠は楽しんでいただきたいです。これをしちゃダメ、と悪いことを想像するのではなく、スペシャルな時間として楽しんでほしいと思います。

Chapter

9

夫 婦 語 録

鬼じゃないよ、
鬼ママだよ

夫に鬼ママと呼ばれています。"#鬼マ
マ"まで作られました。説明させてく
ださい、怖いママというわけではない
んです! 妊婦の時つわりでイライラし
ていてあだ名は「鬼んぷ(お妊婦)」、
出産後にあだ名がなくなってしまった
ということで「鬼ママ」となったわけで
す。しかし、鬼じゃないもん!と自分
で言っても、説得力ないよな〜。この
誤解をどうやって解いたらよいものか。

だって、笑いが

実は妊娠がわかった時の気持ちは嬉しさ半分、不安半分。夫との結婚生活が楽しかった
私の変な姿ばかりあげる夫のインスタにたまに本気でイラッとするけれど（笑）、くだらない

TOPS&SKIRT _
INSCRIRE

ないと始まらない

から、子供ができたら二人の関係が変わるんじゃないかって。でも三人になった今、ますます楽しい! ことを追求して笑い合えるなんて最高。大変なことがたくさんあっても、笑っていればなんとかなる!

仕事をして楽しそうにしてる
今のまりあがずっといい
by 夫

今のまりあはすごく生き生きしている。

だからこそ、ママを理由に仕事を制限してほしいとは思わないし、

僕も全力でサポート、応援したいと思っています。

育児はママのもの、と任せるのではなく、

お互いができることを自分流にやるのが我が家流。

僕がディーンに接する時は僕流、まりあが接する時はまりあ流で。

これが普通とかこうじゃなきゃいけないとか気にせず、

自分たちのやり方で楽しめたらいい。

家族であっても個を大切にしているんです。

僕のインスタは、僕が見ている本当のまりあ（笑）。

昔の彼女はミス・ユニバースとして、モデルとして、

こうしていなきゃという思いが強くて、

インスタにあげる写真もありがちな "素敵なライフスタイル"。

普段は一日中パジャマでスッピンなのに、なんてつまらないんだ、

いつも見ている面白い本当のまりあを見せようと思ったのがきっかけです。

最初はめちゃくちゃ怒っていたけど、

だんだんと吹っ切れたようで、

このままの自分でもいいんだと思えたみたい。

最近では「私、これできると思う！」と自らネタを提供してくることも。

仕事も楽しそうだし、

奥さんが生き生きしていることは、僕も嬉しいです。

Chapter

10

今の私ができるまで

実は肩の力を抜くのが
ド下手なんです

「真面目でシャイないい子ちゃん」な幼少期。
「真面目でおちゃらけ担当」な学生時代。
「自由に飛び立つ」ハワイ時代。
「自分らしくいる」今。

すべての時間が私を作っていて、
出会った人すべてが私に影響を
与えてくれました。

シャイで真面目な私をハワイ留学が変えました

真面目でいい子ちゃんな私が「いつもHAPPYで悩みなさそう!」と言われる今の私になるまで。

5歳 季節行事は家族で楽しむのが神山家ルール

節分の日。父が鬼なので外、私は福なので内(家の中)。ちゃんちゃんこが好きで高校生まで冬の家着の定番。土日は遠出、夕飯の買い物も一緒に行く仲良し家族です。

7歳 毎月近くの神社で行われるお祭りで御神輿も担ぎました

実家があるのは毎月お祭りがあるにぎやかな街。カラオケ大会もあり、人見知りだけど50円の参加意欲しさに参加。一人で「かえるの合唱」の輪唱に挑戦しました(笑)。

12歳 よくスカウトされましたが怖くて逃げていました

原宿に行くとよく「あっぱれさんま大先生」のスカウトに遭いました。男の人も嫌いだったし、おじさんはもってのほか、怖くて母の後ろで怯えていました。写真は妹の七五三。

14歳 中高一貫の女子校通い。成績優秀で真面目でした

中学受験をして女子校へ。校則は厳しめで制服も地味。自分で言うのも変ですが、ガリ勉タイプで成績は常にTOP10以内。漢字検定や英語などで表彰も受けました。

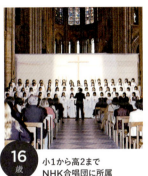

16歳 小1から高2までNHK合唱団に所属

祖母の勧めで入った合唱団は週3でレッスンがありました。写真はヨーロッパツアーの時に教会で歌った時のもの。紅白歌合戦もバックコーラスで3回出場しています(笑)。

17歳 中高5年間ダンス部。高校では部長でした

世間はギャル時代でしたが、学校帰りの立ち寄り禁止、制服でのプリクラなんて論外、男女交際も禁止でギャルとは無縁の女子高生時代。部活ではまわりに推され部長に。

18歳 大学の推薦も決まりつかの間のギャル堪能

高校卒業後、大学入学までの浮かれた春休み。茶髪にして眉を細くしたりしました。愛読誌はPopteenで「大人ギャル」が憧れ。大好きな妹は昔から何をするにも一緒♥

19歳 大学では憧れのダンスサークルJAM[z]に所属

学校説明会でのダンスがあまりにカッコよく、衝撃を受けて入部。JAM[z]に入りたいから成蹊大学を選んだと言っても過言ではないくらい。ファッションもB系でした。

20歳 大学時代に1年半行ったハワイがターニングポイント

3年生までに卒業単位を取りハワイへ。語学留学では他の人と同じ、と勤務先をネットで探し、国際電話で採用面接を受け合格。アメリカンイーグルで1年半働きました。

「いつも笑ってて、悩みなさそう！」とよく言われますが、
昔はそのイメージとは真逆。
ど真面目で自分の意見もはっきり言えず、他人の目を気にするタイプでした。

高校卒業の時に友人などからメッセージを教科書に書いてもらったのですが、
恩師からの言葉は"自らを由とせよ"。
当時ダンス部では部長、テストでは10位以内に入らないといけない──

部活も勉強もどっちも頑張らないといけない。
期末テストが終わった日でも、
次のテストが気になって
ドキドキして、一時は
人の評価を気にしすぎて、
パニック症にもなったほど。
自分を追い込みすぎる私に
「もう少し力の抜き方を覚えなさい」
というのが先生からの
贈る言葉だったんです。

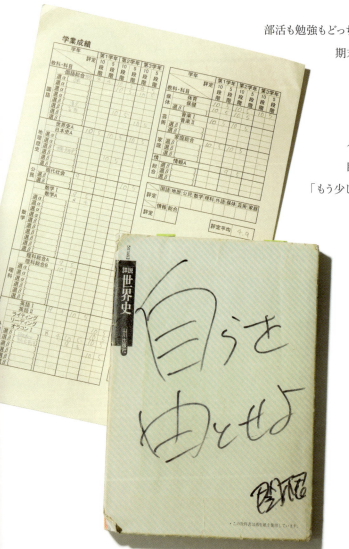

受験が終わったこともあり、大学ではパーッと明るくなったけれど、
自分の意見はまだ言えなかった。
そんな自分を変えたくて行ったハワイがターニングポイントになりました。
語学留学をする友人が多い中、そうではなく、日本から働き口を探して渡航。
仕事でクビになったら帰国しなければならない、
そうなっちゃいけない、と自分を追い込んで。

ハワイでは自分の意見を言わないと流されちゃうし、
仕事も取られてしまう。
働き始めてはじめの1カ月、英語もそこまでできなかったので
発言しなかったら仲間はずれにされたり、パーカも盗まれたりと散々！
悔しいから、英語を猛勉強。
半年くらいで売上1位になったら認めてもらえてみんなと仲良くなれました。
そこからは朝は海でサーフィン、昼は仕事と最高に楽しかった！
言いたいことも言えるようになって、人生で初めてのケンカも経験。
日本ではいい子ちゃんでケンカなんて無縁だったから。

帰国後、友人の勧めで応募したミス・ユニバースの選考で
ファイナリストになり日本代表として1年間活動。
この時に学んだ闘争心や、人と違うように見える工夫をしないと生き残れない
というガッツは今も役立っています。

そして──。
とびきりポジティブな夫に出会い、ほどなくして母になり、
やんちゃな息子は自分の思い通りにならないことも多いけど、
笑えないことを楽しむのが母のテク！
あれ？　私、昔よりは力の抜き方を覚えているみたいです。

Epilogue /おわりに

24歳の時に本を書きたいと思いました。
でも、ある出版社の方に「まだ君は何も経験していないから書くことはないでしょう」と
門前払いされてしまったんです。

30歳になったら、きっと今よりも少しだけつらい経験も楽しい経験もしているはず。
その時に許されるのであれば文章を書きたい、それがいつしか私の夢の一つになっていました。

そして今、31歳。

結婚をし、出産を経験、そして雑誌VERYに出会いました。
ありがたいことに初めての書籍を出版することが決まり、夢の実現に幸せを噛みしめながら
最後の文章を書いています。

出版にあたり、たくさんの方々にご協力をいただきました。

まずは私の本に命を吹き込んでくれたお二人・VERY編集部 湯本さん、ライター栗生さん。自分で文章
を書きたいというワガママにも付き合ってくださり、それでいて愛をもって本を育ててくださいました。
VERYに出会えて本当に良かった、それはお二人含めスタッフの皆様に出会えたからです。

そしてマネージャーの佐藤さん。私の存在はマネージャーさんがいてくれてこそ。
パートナーであり、尊敬する女性。彼女と仕事ができることは何億分の一の確率で宝くじに当たるより
よっぽど貴重で幸せなことだと思っています。

そして煮詰まった時に話を聞いてくれる友人たち。成蹊大学ダンスチーム JAM[z] 11代目のみんな。
生涯で出会えてよかった友人たちです。

そしてこの本に関わってくださったスタッフの皆様。
いつもあったかい写真を撮ってくださる金谷さん、物撮りの魚地さん。
メークのTOMIEさん、シバタロウさん。スタイリストの岡田さん。
お忙しい中ご協力いただいた愛育病院インターナショナルユニットの銭先生。

毎日ウンウン唸りながら執筆する私を励まし、寄り添ってサポートしてくれた夫。
そしていつも明るい笑い声と雷のような泣き声を同時に連れてきてくれる息子。
そして実家の父母、オーストラリアにいる妹、神戸にいる家族。
家族がいてくれるからこそ私は仕事ができて、夢である本が書けました。ありがとう。

そして何よりも、いつも応援してくださる皆様。
初めましてで、本を手にとってくださった方。
この本がほんのすこしの息抜きと笑顔につながったらとても嬉しいです。

最後まで読んでいただき、本当にありがとうございました！

今日も、皆様にとって幸せな瞬間がいくつもありますように。

Staff

撮影　　金谷章平（人物）
　　　　魚地武大〈TENT〉（静物）
　　　　相澤琢磨（インタビュー）
　　　　高橋智英（複写）

VERY 本誌再録分
撮影　　金谷章平
　　　　西崎博哉〈MOUSTACHE〉
ヘア・メーク　シバタロウ〈P-cott〉
　　　　TOMIE〈nude.〉
デザイン　橋本綾子
取材・文　栗生果奈

Special Thanks　佐藤あゆみ〈IDEA〉、石関靖子、岡田紗季〈Linx〉、今尾朝子

Shop list

アップリカお客様サポートセンター　0120-415-814
アナスタシア　06-6376-5599
RMK　0120-988-271
MTG　0120-467-222
SK-Ⅱ　0120-021325
msh　0120-131-370
エルツティンジャパン　03-6228-7774
クラランス お客様相談窓口　03-3470-8545
クリニーク お客様相談室　03-5251-3541
GMP インターナショナル　0120-178-363
シュウ ウエムラ　03-6911-8560
第一三共ヘルスケア お客様相談室　0120-337-336
ティーレックス　06-6271-7501
トリビュート　03-5911-2367
日本ロレアル ケラスターゼ　03-6911-8333
ベビービョルン カスタマーサポート　03-3518-9980
ヘレナ ルビンスタイン　03-6911-8287
マストロ・ジェッペット　0241-62-1600
L'ESPACE YON-KA Omotesando（レスパス ヨンカ 表参道）　03-5469-3447

profile

神山まりあ

かみやま・まりあ
1987年2月17日生まれ。2011年
ミス・ユニバース ジャパングランプリ。
2015年結婚、2016年男児出産。
妊娠時にスタートしたインスタグラム
がきっかけで「VERY」ライターの目
に留まり、2017年1月号より「VE
RY」（光文社）に登場し、現在もレ
ギュラー出演中。

VERY BOOKS

悩むことも、つらいことももちろんあるけど
笑っていればきっと！

神山まりあの
ガハハ育児語録

2018年9月15日　初版第1刷発行

著者　　　神山まりあ

発行人　　為田 敬

発行所　　株式会社 光文社
　　　　　〒112-8011 東京都文京区音羽1-16-6
　　　　　☎ 03-5395-8131（VERY編集部）
　　　　　☎ 03-5395-8116（書籍販売部）
　　　　　☎ 03-5395-8125（業務部）

印刷・製本　大日本印刷株式会社

落丁本・乱丁本は業務部へご連絡くだされば、お取り替えいたします。
本書の一切の無断転載及び複写複製（コピー）を禁止します。

本書の電子化は私的使用に限り、著作権法上認められています。
ただし代行業者等の第三者による電子データ化及び電子書籍化は、
いかなる場合も認められておりません。

Printed in Japan
ISBN978-4-334-95046-0

この本を読まれてのご意見、ご感想をお聞かせください。
e-mail：veryweb@kobunsha.com